李岭涛 / 赵琳琳　主编

媒体产品
设计与创作

Design
and
development
of
media
product

清华大学出版社

北京

图书在版编目（CIP）数据

媒体产品设计与创作/李岭涛，赵琳琳主编.—北京：清华大学出版社，2020.12（2024.7重印）
ISBN 978-7-302-55915-3

Ⅰ.①媒… Ⅱ.①李…②赵… Ⅲ.①视频制作 ②网络营销 Ⅳ.①TN948.4 ②F713.365.2

中国版本图书馆 CIP 数据核字(2020)第 115539 号

责任编辑：纪海虹
封面设计：崔浩源
责任校对：王凤芝
责任印制：丛怀宇

出版发行：清华大学出版社
　　　网　　　址：https://www.tup.com.cn，https://www.wqxuetang.com
　　　地　　　址：北京清华大学学研大厦 A 座　　　邮　　编：100084
　　　社　总　机：010-83470000　　　　　　　　　邮　　购：010-62786544
　　　投稿与读者服务：010-62776969，c-service@tup.tsinghua.edu.cn
　　　质量反馈：010-62772015，zhiliang@tup.tsinghua.edu.cn
印　装　者：天津鑫丰华印务有限公司
经　　　销：全国新华书店
开　　　本：188mm×260mm　　　印　　张：15.5　　　字　　数：272 千字
版　　　次：2020 年 12 月第 1 版　　　　　　　印　　次：2024 年 7 月第 5 次印刷
定　　　价：58.00 元

产品编号：085023-01

作 者 简 介

李岭涛：北京体育大学新闻与传播学院院长，三级教授，博士生导师。1994年8月进入电视行业，从电视新闻记者做起，经过了区县、地市、省市和中央四级电视媒体的历练。作为国内媒体融合的先行先试者，对各类媒体的运行规律和实践情况有着较为深刻、全面的了解和掌握。2018年12月从北京电视台副总编辑岗位上急流勇退，潜心致力于媒体经营、体育传播等领域的研究、实践和探索，享受国务院政府特殊津贴，是全国十佳广播电视理论人才、北京市中青年社科理论人才"百人工程"学者、北京市优秀新闻工作者、北京市十佳电视工作者。担任中国广播影视大奖和中国电视文艺星光奖评委，同时担任中国传媒大学博士生导师、中央民族大学和中央戏剧学院硕士生导师。

黄宝书：山东广播电视台齐鲁频道总监，深耕头部内容，打造头部媒体，推出"齐鲁＋"模式，实现区域电视品牌与头部机构平台的无界携手；推进融媒转型，促进电竞、影音、健康养生等产业布局齐头并进；主创作品多次荣膺中国新闻奖、中国电视奖。

吴闻博：中国传媒大学博士，国际节目模式研究专家，"博见传媒"创始人。参与《加油向未来》《魅力中国城》《我是演说家》《奇迹时刻》等节目的策划与制作。著有《韩国艺人养成记》《全球节目模式养成记》。

张恒：爱奇艺副总裁、影视文学研发中心总经理。曾任北京电视台新闻中心副主任、北京电视台影视剧中心主任，多次获得国家级表彰与奖励，曾任"白玉兰奖""国际艾美奖"评委，兼任中国传媒大学客座教授。

张力：中央新影集团总裁助理、副总编辑，国家二级导演，中国视协纪录片委员会副主任，中国非虚构类娱乐性纪实节目开创者之一，央视知名栏目《发现之旅》创始人。

张宇鹏：中央电视台广告经营管理中心原频道部兼客户部主任。十余年奋战在央视广告经营第一线，见证并参与了广告收入从几十亿到逾200亿的发展历程，创建央视广告产品体系，牵头奥运会、世界杯、历年春节联欢晚会及历届黄金资源广告招标等大型营销项目。

　　赵琳琳：北京体育大学菁英人才，体育赛事制作与转播实验室教师，北体传媒总编辑，是拥有近 20 年央视影视创作经验的资深纪录片制片人。曾在中央电视台《经济半小时》《科学调查》《大家》栏目担任出镜记者、主持人、导演。擅长大型影视节目的运营、管理，多部作品荣获部级以上嘉奖；长期关注新媒体，在 VR 网剧、VR 纪录片、短视频、知识付费等领域均有探索及实践。

　　张巍：梨视频副总编，曾参与《东方早报》和澎湃新闻的创建，并担任头版编辑、要闻部主任、北京中心总监、总编辑助理等职。马拉松爱好者，新媒体探索者。

序

　　随着"5G"的到来，影像节目的创作正经历着从传统媒体到新媒体、从作品到产品、从单纯的内容到"万物皆媒"的嬗变。而这种变化并非无本之源、空穴来风，其坚实的土壤正是传统媒体几十年的发展经验和演变规律所沉淀下来的。技术环境的改变会对媒体产品起着重要的影响，媒体产品的发展随着社会环境的变化而变化，终极目标是满足人类需求，与社会环境保持一致。美国著名的媒介环境学代表人物保罗·莱文森指出，随着社会的发展，当人类的交流方式无法满足人的欲望时，也就到了媒介技术大发展的时候；并且新的媒介技术从应用到普遍使用都会在其当下的社会背景下，对人类的社交方式进行重构。

　　传统影像产品现在似乎被打上了"过时"的标签。因资本的介入，新媒体产业迎来了蓬勃的发展，当下与媒体产品相关的书籍多以聚焦"新媒体产品"为主，图书内容涉及"媒体运营""新媒体思维""网络传播""社会化媒体实操"等相关理论，这看起来顺其自然，但按照媒介产品进化论，当一种新的媒体产品胜过旧产品时，并不意味着旧的媒体产品面临衰亡，只是旧媒体产品的生存空间缩小了而已；只要它能找到其独有的"媒介生态位"，依然可以继续留存。所以，综观当下媒体产品的教材，似乎都忽视了一个现实问题，即缺乏对于全域媒体产品的关注，从而也丧失了对多种媒介各自生态位的全局观察。正如保罗·莱文森所说："任何一种后继的媒介都是对过去的某一种媒介功能的继承、创新和补偿。"《媒体产品设计与创作》正是这样一本填补业内空白、开创性地将全媒体产品打通的教材。

　　这本教材缘起我工作的调动。2018 年 12 月，我离开工作了 24 年的电视行业，从北京电视台调到了北京体育大学。学校刚刚设置了体育赛事资源制作实验班,因为我有从业经验,所以让我给实验班的学生在大一下学期上"媒体产品设计与创作"这门专业核心课。由于是实验班的课程,而且没有现成的教材,所以我在备课的时候也没有任何参考,感到很困难。我就想,我备课都感到困难,那对于没有任何基础又没有教材的大一学生来说要学好这门课岂不是更难?能不能为这门课编写一本教材?我的想法得到了教务处章潮晖处长和新闻与传播学院原院长张玉田教授的高度赞同,他们表示学校会对教材的编写提供全力支持。他们的态度让我马上付之行动,也让后面的学生有了自己的教材。真是要感谢两位领导!

　　怎么才能把这本教材写好呢?一开始我想自己写,但写了一部分后觉得这门课应该能让学生们全面接触和掌握到媒体产品领域最新鲜、最前沿的东西,这仅靠我自己是做不到的。因为媒体产品是一个组合概念,既要兼顾对不同媒体平台特性的了解,还要在传播视域下理解市场营销里的"产品"概念,所以这本书涉猎的内容还是非常跨界的。著名学者喻国明认为,传媒市场中具有竞争力的媒介产品,比拼的不仅仅是内容,"同时也是技术的竞争、渠道与表现形式的竞争、游戏规则的竞争、整合机制的竞争以及运营模式的竞争。特别是当内容质量的提升在现有的制度框架范围内难以获得上行空间,或者内容要素在传媒市场竞争中的价值度有所降低的情况下,载体要素、规则要素的优化整合与运作模式创新就变得更为重要"①。由此可见,媒体产品绝不是简单地与内容画等号,媒体产品的概念远远大于内容,如果做到差异化和效益最大化,构成媒体产品的多要素均为重要组成部分。于是我抱着试试看的态度向几位朋友求援,没想到他们都非常积极,表示很愿意参与到教材的编写工作中来,为学生们做点事。尤其令我感动的是,大家都表示不要任何报酬。要知道,他们都是业界的大咖,时间要按分钟来计算成本的。而且除了编写教材,他们还主动要求上课时讲授自己编写的章节。于是在这门课的课堂上出现了七位业界大咖,他们循循善诱,由浅入深,向学生们讲授了一线最鲜活的案例、最生动的知识、最前沿的理念。学生们大呼过瘾,受益匪浅。应该说由多位业界大咖共同开授一门课的情况并不多见,这种尝试因为直接让学生们对接了一线的实践,因此效果十分理想。我替学生们感谢几位大咖付出的心血!

　　团队组成后,怎么集大家的智慧做到 1+1 大于 2 的效果?这几位作者中既有传统媒体的资深行家,也有从传统媒体转型到新媒体的高管,他们均有长期的一线从业经验,且都担任重要岗位。也就是说,他们都是有自己独特思想的人。考虑到这一

---

① 　喻国明:《传媒发展:从"内容为王"到"产品为王"》,载《新闻与写作》,2007(11)。

点,而且希望学生们能尽可能多地接受不同思维风格熏陶,因此在写作的过程中除了在一些体例上做了统一要求外,对每位作者的风格基本做了原汁原味的保留。他们有的逻辑严谨,有的文风活泼;有的注重层层推理,有的擅长案例解剖。尽管会有一些思维跳跃,但也别具一格。其中我和戚缤予负责撰写了第一、第二、第三章内容;黄宝书、刘娜、赵成玉、丁晓、郭福栋、王虎负责撰写了第四章内容;吴闻博负责撰写了第五章、第八章内容;张恒、薛熠负责撰写了第六章内容;张力负责撰写了第七章内容;张宇鹏负责撰写了第九章内容;赵琳琳负责撰写了第十章内容;张巍负责撰写了第十一章内容。

　　这本教材是几位作者用宝贵的实操经验结合理论思考而扎实写作的结果,有着视频全媒体产品从设计到创作的完整体系,内容横跨传统媒体和新媒体,涉及娱乐栏目、纪实类产品、广告产品、剧情类产品、短视频自媒体、短视频平台等主流产品领域,对于树立科学的媒体产品设计与创作思维方式、掌握媒体产品设计与创作流程具有较强的指导意义。这本教材对于本科生、研究生的学习会有很大帮助,对于刚入门者或行业外人士认识、了解媒体产品会有借鉴意义。

　　这本教材的编写还得到了新闻与传播学院左琼书记、教务处史姜旭老师的大力支持,在此表示感谢。同时还要感谢清华大学出版社的纪海鸿老师,她全程参与了本书的编写工作,并给出了很多建设性意见。

　　由于是初次编写教材,考虑不周和错误之处肯定不少,期待读者和方家指正。

李岭涛

2019 年 7 月

目 录

第一章

影响媒体产品设计与创作的因素

第一节　抓住消费者的心[①]

消费者是媒体一切经营活动的出发点和落脚点。没有一定数量的消费者,媒体经营活动的成本就不能摊薄,边际成本会增加,边际效益则会减少,因此,经营活动无法展开。要吸引和留住消费者,必须认真研究消费者,尤其对刚刚走入社会的"90后"。对于"90后"的前辈们,一方面,他们已经形成了消费定势,一般情况下很难改变他们的消费习惯;另一方面,媒体产品设计与创作对他们的研究已经投入了大量精力,对于他们的心理特征和行为习惯已经有了基本的掌握。而对于"90后",由于成长环境的独特性,他们在很多方面表现出与前辈们的巨大差异,原来应用于前辈们的方法、结论对于他们来说已经很不合时宜。同时,由于他们进入社会主阵地的时间尚短,整个社会刚刚开始对他们给予关注,因此对他们的研究还很不到位,媒体产品设计与创作亟须补齐这方面的短板。

一、把服务"90后"确立为着力方向

随着"90后"受众逐渐走上社会舞台中央,迥异于前辈的心理特征、行为取向和价值倾向,给他们带来了全新的媒体选择、媒体体验和媒体关系,这种由量变到质变的变动很大程度上左右着未来很长一段时间媒体市场的走向。习近平总书记强调,"受众在哪里,宣传报道的触角就要伸向哪里,宣传思想工作的着力点和落脚点就要放在哪里"[②]。媒体产品设计与创作今天抓不住"90后",明天花更大的力气也不一定能成功,因此必须及早找准着力方向,以免今后失去竞争的主动权,甚至失去未来的可能性。

[①]　本部分参考了李岭涛、张友全发表于《中国广播影视》2019年3月下月刊的《电视媒体如何赢取95后关注》、发表于《传媒》2019年3月上月刊的《电视媒体如何抓住年轻受众的心》、发表于《当代电视》2019年第8期的《95后对电视媒体发展的影响分析》和发表于《教育传媒研究》2019年第9期的《抓住95后受众的着力方向分析》四篇文章。

[②]　王雅琼:《加强基层主流媒体建设——积极适应新时代传播方式变革》,载《新闻研究导刊》,2018-12-25。

（一）树立受众导向的理念

随着受众主体意识的快速觉醒，"90后"发挥自身主体性的要求逐渐转化为自己影响媒体行为的自觉行动。从长期以来部分传统媒体高高在上、"我播你看"的俯视百姓理念一统天下，到提倡平民视角、关注普通百姓情感的平视甚至仰视的理念逐步深入人心，"90后"主体意识的渐进式觉醒为传播活动理念的不断演变带来了动力，他们对传播活动的意义越来越重要，对媒体产品设计与创作的反作用力也越来越大。①

面对"90后"的特殊性，媒体产品设计与创作应树立受众导向理念，利用各种措施、各种渠道、各种手段打入他们的圈层，深入他们的内心，尽可能多地吸引、影响、留住"90后"。当前，参与、互动、分享已经成为"90后"的基本需求，技术的进步已经让满足他们的需求不再是可望而不可即的事情。媒体应该利用新技术，将"90后"的生活直接或间接地变为内容作为自己的追求，把自己与"90后"的关系从物理距离和心理距离上无限拉近。

（二）明确现实需求与潜在需求的差异

根据实现程度，受众需求可以分为现实需求和潜在需求。"现实需求"是指已经表现出来的需求，而且受众对自己的这些需求比较了解，具有一定的消费欲望和消费能力；"潜在需求"是指受众自身可能存在而没有表现出来的需求，而且受众对自己的这些需求基本一无所知。从经济学的角度来说，在购买环境中，受众的潜在需求尤其重要。一旦条件成熟，受众的潜在需求就会演变为现实需求，可带来广阔的商机。因此，面对竞争激烈的市场环境，媒体产品设计与创作若想获得成功，便不能仅仅止步于受众的现实需求，更要着眼于他们的潜在需求。

潜在需求要转变成现实需求，一种途径是自然发展，但这种途径比较耗费时间，对于媒体产品设计与创作的意义不大；另一种途径是通过外力激发转变成现实需求。潜在需求被激发为现实需求，容易形成新的经济增长点，是竞争的蓝海。"90后"受众喜欢挑战，追求刺激和个性，高度依赖网络和各种社交工具，渴望分享与互动，渴望被关注和被认可，这意味着"90后"受众更容易接受新生事物，更容易厌弃陈旧，这就为媒体产品设计与创作发掘"90后"受众的潜在需求创造了条件。因此，媒体产品设计与创作若想获得"90后"受众的喜爱，就要利用一切手段将其潜在需求激发出来，更好地满足甚至引领"90后"受众的需求。

---

① 李岭涛，戚缤予：《中国电视直播态势分析》，载《现代传播》，2011(6)，38～40。

（三）厘清基础需求与发展需求的不同

根据对受众个体的意义,受众需求可以分为基础需求和发展需求。这个维度与马斯洛需求理论的生理、安全、社交、尊重和自我实现五个层次相对应。基础需求对应前三个层次,发展需求对应后两个层次。

"90后"生活在物质极大丰富的时代,基础需求早已不成问题。随着基础需求的满足,发展需求变得更为重要。"发展需求"是指人们精神方面的需求。"90后"的需求不断上升至发展需求,他们渴望得到尊重,做到自我价值实现。他们希望从自己的发展需求被满足的过程中得到充实和综合素质的提高,得到精神上的享受。这给媒体产品设计与创作提出了新的挑战和要求。面对未来的中国消费市场主力军,媒体产品设计与创作若想成功吸引注意,则必须深入了解当下他们的发展需求。

（四）实现人际传播与大众传播的融合

大众传播媒体一直被认为与人际传播风马牛不相及。但是,在当前媒体形态、功能快速进化的情况下,对这一传统理念要重新认识。以电视媒体为例,它作为一种直播和线性传播的介质,同时兼具人际传播和社交属性。在直播状态下,不同地方的受众能够获得相同的使用场景,能够通过相同的内容而产生共鸣。新媒体更是如此,它的人际传播特征更加明显,而且积累了越来越多的大众传播特点。也就是说,在新的传播环境中,媒体面临着大众传播人际化、人际传播大众化的挑战。在以新媒体为代表的各种传播活动中,大众传播和人际传播你中有我、我中有你,水乳交融,成为一体,彼此之间的界限已经越来越模糊,所以仅靠一种传播方式已经很难赢得"90后"的心。

对于传播领域的新趋势,"90后"主动接受、热烈欢迎。他们既喜欢大众传播的广度,也喜欢人际传播的深度,成为大众传播和人际传播互通、融合的受益者、推动者。因此,媒体产品设计与创作应该追随甚至领先"90后"的脚步。明智的做法是,"适应大众传播和人际传播的融合趋势,推倒大众传播和人际传播之间的墙,把大众传播规律和人际传播规律结合在一起指导自己的经营活动,通过大众传播提高人际传播的广度和辐射面,通过人际传播提高大众传播的深度和渗透力"[①]。

（五）关注"90后"亚文化的变动

亚文化是相对于主流文化而言的,它们在特定条件下是有转变为主流文化的可

---

① 李岭涛:《用颠覆式创新推进电视台转型》,载《电视研究》,2014(5),7~10。

能性。随着年龄的增长,原来忠实于某个圈层、处于边缘化状态的年轻人慢慢进入社会主流。地位的改变使得他们的圈层文化有了更多的话语权。同时,新一批人群的加入也使得某个圈层的队伍不断扩大,从而在社会中的影响力和渗透力也不断增强,尤其是产生于网络的一些亚文化,已经在当今社会产生了很大影响。因此,媒体产品设计与创作应特别重视"90后"亚文化的变动情况。

第一,"90后"亚文化与虚拟社会高度融合,与网络高度关联。

第二,"90后"亚文化圈层特点明显,群体内同质、群际异质,具有很强的封闭性和排外性。

第三,"90后"亚文化始终处于动态变化过程中,迭代更新速度快,在吸附、消化新鲜元素上具有很强的能力和很高的效率。

第四,"90后"亚文化往往以内容为主要载体,进行由点到面的涟漪式传播。

第五,"90后"亚文化不唯上、不唯权威和学说,高度去中心化,内容原创性强,往往只关心与圈内人的价值认同,而不关心圈外人的赞成或反对。

第六,"90后"亚文化依托于社交媒体,互动性强。

(六)建立具有年轻思维的制度性创新机制

对于媒体产品设计与创作而言,很多创新目前仍处于随机性创新阶段,"很少有长期的战略性规划,基本上是自己或者市场当前需要什么,就在哪方面进行创新。随机性创新有着面宽、量大、成本高的不足之处,不利于自己核心竞争力的形成和巩固"[①]。在重心逐渐向受众转移的年代,简单的随机性创新只能让媒体产品设计与创作同"90后"受众渐行渐远。没有理念、意识、机制的年轻化,媒体产品设计与创作很难走入"90后"的心中。因此,媒体产品设计与创作应以"90后"的需求为出发点,进行核心经营理念、长远发展战略、具体经营策略的制订和贯彻,以适应他们思维的方式进行制度性创新。

一是用"90后"的思维方式来进行传播活动的决策。很多"90后"是各个方面的专家,他们的参与会让媒体产品设计与创作在分析问题、解决问题时具有相同的视野、相同的角度、相同的态度。二是让"90后"的各种活动成为传播的内容,通过传播活动表现力的增强、表达手段的多样化来使传播活动更加立体、综合,更加年轻态、有活力。三是紧跟市场变动,实时地把"90后"的反馈、意见吸收到传播活动中来,为后续传播活动的调整、改进提供科学依据。四是与"90后"进行经济利益分配,与他们

① 李岭涛:《推进电视媒体主导的协同创新》,载《电视研究》,2014(12),58~60。

建立市场经济中最可靠、最紧密的关系——经济关系，从而成为利益共同体。

（七）建立与"90后"对等的组织文化

由于其先天成长环境的影响，"90后"受众往往具有个性、独立、创新等特点，他们对于新鲜事物展现出极大的好奇心和欲望，同时也更加追求平等的互动和沟通方式。若是媒体产品设计与创作处于高高在上的姿态，那么"90后"受众也会采取充耳不闻的态度。在这个新媒体大行其道、人人都被赋权的时代，年轻的"90后"受众更加渴望参与和互动。与其说他们希望被关注和被认可，不如说他们向往的是一种对等关系。

在这个"众生平等"的时代，媒体产品设计与创作更要从自身内部开始革新，建设年轻的、与"90后"对等的组织文化。首先，媒体产品设计与创作要保持自身的开放性，时刻保持对外界新生事物的敏感性，能够及时察觉到新技术的诞生可能对自己造成的影响，积极主动地引进和应用新技术，做到先发制人，增强自己的竞争力。其次，"90后"受众爱尝鲜的特点使得他们往往"喜新厌旧"。他们感兴趣和关注的事物在迅速发生改变，新生事物的活跃周期也变得越来越短，当下网络红人和网络文化的迅速迭代与更新就是最好的证明。这就要求媒体产品设计与创作能够保持新鲜感和潮流性，要跟上甚至是引领"90后"受众的动态变化节奏，要超前而绝不能落后于"90后"的步伐。再次，要具有开阔的视野和足够的深度，把有情义、有爱心的品质融会贯通到血液中。"90后"对于新鲜、潮流文化的热爱并不妨碍他们对精品和深度内容的追求，过去雷人、狗血、脑残、玛丽苏的剧情也随着"90后"审美水平的不断提高而备受诟病。最后，用自身个性取得"90后"的认同。"90后"受众并不喜欢大众的、趋同的内容，他们往往对于有个性的事物情有独钟，因此，媒体产品设计与创作在自身发展中也要注重形成独特的个性，比如，中央电视台的秉节持重、北京卫视的古典端庄、湖南卫视的青春活力等。总而言之，媒体产品设计与创作在当下要始终把满足"90后"的精神需求作为自己的出发点和归宿，充分考虑和满足"90后"受众的需求，建设对等的组织文化。

二、如何抓住"90后"受众的心

"90后"受众成长在中国经济增长快速发展、科技成就显著的20年，这造就了他们心态更阳光乐观、喜欢创新、想法天马行空的独有特点，也造就了他们与以往群体有较大不同的媒体选择习惯。"90后"受众对不同媒体的使用情况、选择偏好、消费倾向等都将影响媒体的未来发展。面对全新的受众，媒体产品设计与创作不能延续以往的策略和方法，只有找到全新的思路，树立全新的理念，培养年轻的心态，才有可能抓住"90后"受众的心。

（一）渗透多维生活场景，找准痛点

"90后"的生活场景与移动媒体已经产生了不可分割的联系，他们无论是上下班、吃饭、休息、娱乐等，都已无法离开移动媒体的支持。移动媒体一方面碎片化了"90后"的时间，另一方面也充分利用了他们的碎片化时间，从而为"90后"创造了无数别具一格的场景。这些场景不仅仅是指现实的物理环境，也包括网络媒体所营造的虚拟空间下的情景和心理环境。特殊的场景塑造了"90后"特殊的人格，他们想当主宰者、参与者，而不是可有可无的旁观者。在正确引导下，这种特殊人格能够激发他们对社会的责任感和使命感。媒体产品设计与创作应担当起这一重任，既对"90后"的思想进行符合主流价值观的影响、渗透，又借此加深与他们的关系。

第一，把"90后"生活场景转化为创作内容，以他们工作、生活、交往等活动中的某种社会原型作为节目策划、内容设计的出发点，让他们实实在在地成为节目的主角，真正做到内容从受众中来，到受众中去。

第二，把"90后"使用媒体的过程演变成他们某种心理、情感和需求的集合、放大过程，并进一步把这一过程与传播过程结合起来，从而提高他们的地位，扩大他们在圈层中的影响力。

第三，用新鲜事物助力"90后"的社交场景，使他们成为新技术手段、新传播渠道、新娱乐方式的先知先觉者和先行先试者，从而令他们获得精神上的满足。

第四，用具有前沿性的知识充实"90后"的工作场景，使他们率先感知并把握社会发展趋势、市场变动规律、科技变革动向等，从而满足他们的发展性需求，让他们获得更多的社会认可。

（二）整合年轻创意 适应思维方式

"90后"日益增强的参与、互动、共享欲望，给媒体产品设计与创作带来了巨大的压力。媒体产品设计与创作者必须适应"90后"独特的思维方式，这既是尊重和挖掘他们主体性的具体体现，也是明确媒体产品设计与创作出发点和落脚点的要求，更是在激烈竞争中杀出一条血路的基础。媒体产品设计与创作者要欢迎"90后"所带来的年轻视野、思维和思想，要善于利用他们新奇、创新、有趣的思路来丰富自己的内容，要采取更加新颖、多元的方式对内容的形式、叙事手法、界面风格等进行创新。

第一，正视现有人员素质与"90后"需求的差距，改造媒体的既有员工，用更加时尚、前沿的理念影响他们,打破他们的惯性思维和思维定式,使他们的思维方式向"90后"靠近。

第二,利用"鲶鱼效应",引进更多的"90后",改善人员结构,激发组织活力,使他们的思维冲击既有的惰性和惯性,用竞争的压力淘汰落后人员、机制和理念。

第三,瞄准普通"90后"的生活和思想,整合社会上非专业"90后"人士的创意,用他们的"非专业化"改造一些媒体产品设计与创作长期以来一成不变、几近僵化的"专业性",使媒体产品设计与创作的思想更接地气,更具有新鲜感。

第四,推倒四面墙,迎来八面风,利用社会力量做节目,跨行业、跨领域、跨地区与更加年轻化的机构合作,加速富有年轻态智力资源等各种要素的流入,用拿来主义解决燃眉之急。

(三)开发年轻化的功能 满足迭代需求

"90后"受众个性独立、有主见、不从众,他们的内心非常渴望有吸引力的新生事物,对于新生事物的接受程度远远超过上一代人群。而且他们"喜新厌旧",对新生事物的新鲜感和使用周期非常短,一旦他们觉得某个事物已经无法满足他们的需求,他们就会立刻无情地抛弃它,转向更有吸引力的事物。这就意味着媒体产品的设计与创作必须不断开发出新的功能才有可能跟上"90后"需求更新的节奏。

第一,"90后"对娱乐的追求和关注要远远大于其他因素,因此媒体应让节目更加具有娱乐的特征,以满足"90后"娱乐至上的需求。

第二,"90后"受众是对时尚敏感度较高的群体,他们欣赏那些能代表世界最新动向和文化的事物,希望自己与最新的世界保持联系。因此,媒体产品设计与创作要反映时尚发展的潮流,努力成为时尚和潮流的风向标,在对潮流的反应上,要时刻走在"90后"的前面,要让内容更加时尚新潮,为"90后"提供更多新鲜、前沿的动能。

第三,适应"90后"强烈希望提高生活品质的需求。"90后"人群越来越难"被引导"和"被取悦"了,媒体产品设计与创作要围绕如何帮助他们提高自身生活品质而开发更高质量的内容,否则将很难满足他们的心理预期,因为他们总是能第一时间发现,甚至是制造新鲜、有趣的概念、现象或者事物,这让大量平庸的内容和服务失去立足之地。

第四,"90后"对媒体社交属性的依赖性越来越强。2018年年底字节跳动公司主要面向年轻人上线了名为"多闪"的好友小视频社交APP,宣称恢复熟人社交之间的亲密友好关系。这从市场的角度证明了社交对于"90后"的重要性。媒体产品设计与创作应高度重视,既把社交工具作为与"90后"联系的主要途径,又能促进他们编织更加有效的社交网络。

(四) 打入圈层, 缩小距离

圈层是"90后"区别于其他人群的最重要特征之一。尽管具有封闭性的特点, 但由于网络的加持, "90后"的圈层范围广泛, 地域宽广。他们的圈层是基于相同或相近的兴趣爱好而形成的, 只要志趣相投, 不管离得有多远, 不管行业跨度有多大, 他们都可以成为同一个圈层的人。圈层已经成为影响"90后"媒体选择、价值取向的重要因素, 这也使得进入他们的圈层成为抓住他们的心最有效的方式和途径。

第一, 找到并抓住"90后"圈层的 KOL(Key Opinion Leader, 关键意见领袖)。KOL 是圈层中有影响力和号召力的人, 他们一般有丰富的圈层专业知识, 发表的内容持续、稳定而且见解深刻, 具有令人羡慕的某个方面的天赋。由于在价值观上与圈层人群高度一致, 因此他们的意见自带光环和流量, 能够获得高度接受和认同。

第二, 熟悉并利用好"90后"圈层的通用语言。就像每个地区有自己的方言一样, 每个圈层也创造了自己独有的语言和沟通方式。媒体产品设计与创作者用好他们的语言, 就代表着成功迈入他们内心的第一步。

第三, 发现并开发好"90后"圈层的关注点。由于圈层具有强大的影响力, 找到了圈层的关注点, 实际上就获得了整个圈层的注意力。

第四, 创作与"90后"圈层一致的故事。用一样的思维方式思考问题, 用一样的行为方式做事情, 用一样的价值判断关注同样的事物, 有了与圈层一致的内容, 自然就能够抓住他们的心。

(五) 生产入脑入心的内容, 达成情感共鸣

共鸣是精神和思想层面的问题, 但要实现共鸣则需要形式与内容、物质与意识等多个层次、多个维度的相互促进、相互作用, 需要从看问题角度、使用内容、表达方式、沟通渠道等多个方面入"90后"的脑, 入"90后"的心。

第一, 要以"90后"圈内人的视角, 与他们形成平等交流。"90后"受众喜欢平等化的口吻和叙事方式, 而不是高高在上的教导, 这要求媒体产品设计与创作放下身段和"90后"受众进行深入、平等地交流。

第二, 媒体产品设计与创作要让"90后"感受到真诚, 不能夸夸其谈, 自说自话。对于"90后"而言, "你若高高在上, 我便弃你而去"。媒体产品设计与创作若给"90后"最高的尊重, "90后"就会给媒体产品设计与创作最丰厚的回报。

第三, 换位思考, 找到"90后"的真实需求和他们钟情的、满足自己需求的途径。

"90后"是典型的"喜新厌旧者",他们需求变动的速度很快,这导致媒体产品设计与创作寻找和满足他们需求的过程具有很强的不确定性。

第四,用"90后"的语言和表达方式讲述故事。"90后"既是新语言的拥趸,也是新语言的创造者。他们不断赋予很多词汇新的内涵和外延,不断创造出很多新的语言使用和表达方式。媒体产品设计与创作对此要有有效的应对措施。

第五,内容要制作精美,满足"90后"对美感的渴求。"90后"很重视仪式感,很看重事物的颜值,任何对这一特点的忽视都会招致他们的无情唾弃。

(六)规划具有"90后"调性的品牌

品牌调性相当于人的性格,对于品牌的成败至关重要。在争夺"90后"的激烈竞争中,媒体产品设计与创作的调性必须具有"90后"的特质,反映"90后"的需求。这种品牌调性必须有自己的文化基因,向"90后"传递相同的价值和态度;必须以比"90后"更加专业的态度与他们分享自己的格调、情怀和取向;必须有自己的个性,并体现与"90后"高度吻合的个性,以及与其他品牌的鲜明差别。

第一,体现"90后"即时需求、即时满足的特点。由于移动媒体的便利性以及"90后"对移动媒体的高度依赖,一方面,"90后"的需求表现出很强的移动性和伴随性的特征;另一方面,"90后"的需求很大程度上需要随时得到满足。如果做到这一点,媒体产品设计与创作的"90后"气质将会非常鲜明。

第二,适应"90后""宅生活"与分享意愿的矛盾性。"90后"大多乐享"宅生活",很多都是赖床族、懒族,能用移动媒体解决问题绝不会用其他手段。与此相矛盾的是,"90后"又迷恋"独乐乐不如众乐乐"的信条,他们喜欢把自己的生活状态与大家分享,在分享和获得网友点赞的过程中得到自我满足。因此,媒体产品设计与创作要成为"90后"便于分享的平台,要设计更多的参与分享渠道和途径,让"90后"成为圈层的信息源头。

第三,做美好生活的引领者和代言人。"90后"对以"美好"为代表的精神享受情有独钟,追求美和欣赏美成为他们的共同特征。在对潮流的反应上,媒体产品设计与创作要时刻走在"90后"的前面,而不是追着"90后"走,因为"90后"只认强者。所以,媒体产品设计与创作一要引领媒体发展的潮流,二要引领技术应用的潮流,三要反映时尚发展的潮流。

第四,与虚拟世界畅通互联,切换便捷。"90后"都具有现实人和虚拟人的两面性,随时随地穿行于现实社会和虚拟世界之间。他们很享受这种角色的转换,这种转换使他们的思维更加立体,视野更加宽广。

（七）营销策略要充分利用"90 后"的脑洞

媒体产品设计与创作的营销策略必须作出革命性变化，以适应"90 后"参与、互动、分享和体验的行为特征。媒体产品设计与创作不能再把内容生产和营销活动割裂开来，而是应该把它们和与受众的互动有机地结合起来，做到内容生产的过程就是市场营销的过程，就是与"90 后"互动的过程，反之亦然。

第一，要尊重"90 后"的思维习惯，和他们一起脑洞跳跃、发散，利用思维方式的趋同扩大"90 后"受众规模，把他们发展成粉丝，而不是让他们仅仅停留在随机收看的层次上。

第二，要与"90 后"需求的快速迭代变化同步，像他们一样"朝秦暮楚"，不再一成不变和以不变应万变，做到即时动态调整。通过内容与"90 后"产生情感互动，与他们建立能够实现心灵交流的精神纽带和强关系。

第三，要走进"90 后"的虚拟世界，体验他们的虚拟角色，在他们中间培养尽可能多的 KOL（意见领袖），鼓励他们分享，利用他们的专业所长、影响力和号召力持续扩大媒体产品设计与创作的市场渗透能力，不断强化和加深媒体产品设计与创作与"90 后"的关系。

第四，要适应"90 后"有时是深耕垂直领域的专家，有时在某些方面却狗血、脑残的多重性格，用他们的专业来补足自己的短板，用自己的专业来消解他们的不足，做到双促进、双提高。

第五，要适应"90 后"立等即取的心理特点。作为玩游戏长大的一代，"90 后"对待事物的态度受游戏即时奖励的规则影响很大，他们往往缺少耐心，不想等待，认为自己的付出应该得到咄嗟立办的回报和激励。媒体产品设计与创作要建立快速反应机制，及时、即时地把"90 后"的意见反馈到内容生产、市场营销、与受众互动的活动之中。

第六，预测流行、把握流行、发挥流行。"90 后"是时尚和流行的忠实推动者与追随者，掌握了时尚和流行趋势就等于抓住了他们的心。媒体产品设计与创作要用既有流行趋势适应"90 后"的审美观，用未来流行趋势进一步引领和提升他们的审美水平。

第二节　政策法规牢记于心

一、宪法

《中华人民共和国宪法》"是国家的根本法,具有最高的法律效力。全国各族人民、一切国家机关和武装力量、各政党和各社会团体、各企业事业组织,都必须以宪法为根本的活动准则,并且负有维护宪法尊严、保证宪法实施的职责"[①]。媒体产品设计与创作必须以宪法为自己一切工作的根本准则,吃透宪法的每一个条款、每一个句子、每一个词语,不能有丝毫差池,尤其对与内容生产关联度比较高的条款更要认真研习。比如,《宪法》第一章第四条规定,"禁止对任何民族的歧视和压迫,禁止破坏民族团结和制造民族分裂的行为"[②];第二章第三十八条规定,"中华人民共和国公民的人格尊严不受侵犯。禁止用任何方法对公民进行侮辱、诽谤和诬告陷害"[③],等等。

二、法律

法律是一种特殊行为规范,规定了当事人的权利和义务,对全体社会成员具有普遍约束力。与媒体产品设计和创作相关性比较高的法律包括但不限于以下几种。

- 《中华人民共和国民法总则》
- 《中华人民共和国侵权责任法》
- 《中华人民共和国英雄烈士保护法》
- 《中华人民共和国网络安全法》
- 《中华人民共和国广告法》
- 《中华人民共和国消费者权益保护法》

......

三、行政法规

行政法规是针对某个行业或领域的具体情况而有针对性制定的法规。与媒体产

---

①　引自《中华人民共和国宪法》,中国人大网,2018-03-11,http://www.npc.gov.cn/npc/xinwen/node_505.htm.

②　引自《中华人民共和国宪法》,中国人大网,2018-03-11,http://www.npc.gov.cn/npc/xinwen/node_505.htm.

③　引自《中华人民共和国宪法》,中国人大网,2018-03-11,http://www.npc.gov.cn/npc/xinwen/node_505.htm.

品设计和创作相关性比较高的行政法规包括但不限于以下几种。

- 《中华人民共和国著作权法实施条例》
- 《中华人民共和国商标法实施细则》
- 《广播电视管理条例》
- 《互联网信息服务管理办法》
- 《互联网新闻信息服务管理规定》
- 《互联网视听节目服务管理规定》
- 《电影管理条例》
- 《广播电视节目制作经营管理规定》
- 《广播电视广告播出管理办法》
- 《信息网络传播权保护条例》

……

四、政策

相对于法律和行政法规，具体政策的出台具有时效性强的特点，能够对实践中出现的问题作出快速反应，及时把问题扼杀在萌芽之中。

以下是最近几年国家管理机构颁发的与媒体产品设计、和创作相关的部分政策。

- 《国务院关于授权国家互联网信息办公室负责互联网信息内容管理工作的通知》(2014 年 8 月)
- 《国家新闻出版广电总局办公厅关于加强有关广播电视节目、影视剧和网络视听节目制作传播管理的通知》(2014 年 9 月)
- 《互联网新闻信息服务单位约谈工作规定》(2015 年 4 月)
- 《关于进一步加强电视上星综合频道节目管理的通知》(2016 年 4 月)
- 《国家新闻出版广电总局关于进一步加强医疗养生类节目和医药广告播出管理的通知》(2016 年 8 月)
- 《关于立即停止播出"养心通脉方"等违规广告的通知》(2017 年 4 月)
- 《国家新闻出版广电总局要求"新浪微博"、"ACFUN"等网站关停视听节目服务》(2017 年 6 月)
- 《国家新闻出版广电总局办公厅关于立即停止播出"苗仙咳喘方"等 40 条违规广告的通知》(2017 年 6 月)
- 《国务院食品安全办等 9 部门 关于印发食品、保健食品欺诈和虚假宣传整治

方案的通知》(2017 年 7 月)

- 《国家新闻出版广电总局办公厅 关于加强网络视听节目领域涉医药广告管理的通知》(2017 年 7 月)
- 《关于支持电视剧繁荣发展若干政策的通知》(2017 年 9 月)
- 《国家新闻出版广电总局要求加强网络直播答题节目管理》(2018 年 2 月)
- 《关于进一步加强医疗养生类节目和医药广告播出管理的通知》(2016 年 6 月)
- 国家广播电视总局关于印发《国家广播电视总局关于学习宣传贯彻〈中华人民共和国英雄烈士保护法〉的意见》的通知(2018 年 7 月)
- 《国家广播电视总局关于开展广播电视广告专项整治工作的通知》(2018 年 9 月)
- 《国家广播电视总局关于进一步加强广播电视和网络视听文艺节目管理的通知》(2018 年 10 月)
- 《国家广播电视总局办公厅关于立即停止播出"北合堂大肚子灸"等违规广告的通知》(2018 年 12 月)
- 《国家广播电视总局关于延边卫视频道、宁夏广播电视台影视频道广告播出严重违规问题的通报》(2019 年 1 月)
- 《中央网信办、工业和信息化部、公安部、市场监管总局关于开展 App 违法违规收集使用个人信息专项治理的公告》(2019 年 1 月)

……

第三节　守住道德底线

"在有些作品中,有的调侃崇高、扭曲经典、颠覆历史,丑化人民群众和英雄人物;有的是非不分、善恶不辨、以丑为美,过度渲染社会阴暗面;有的搜奇猎艳、一味媚俗、低级趣味,把作品当作追逐利益的'摇钱树',当作感官刺激的'摇头丸';有的胡编乱写、粗制滥造、牵强附会,制造了一些文化'垃圾';有的追求奢华、过度包装、炫富摆阔,形式大于内容;还有的热衷于所谓'为艺术而艺术',只写一己悲欢、杯水风波,脱离大众、脱离现实。"[①]习近平总书记的讲话给媒体产品的设计与创作敲响了警钟。

---

① 《习近平:在文艺工作座谈会上的讲话》,新华网,2015-10-14,http://www.xinhuanet.com/politics/2015-10/14/c_1116825558.htm。

如果在市场经济的大潮中丧失了道德底线，媒体产品设计与创作的使命与责任就会荡然无存，就会给社会风气、给群众的思想风貌带来严重侵蚀。

社会主义核心价值观和中华民族优秀传统美德应该成为道德底线的基本准则。凡是与之相违背的，就要反对、摒弃；凡是对之弘扬光大的，就要支持、推动。

一、平台要担起责任

平台是经营主体，更是责任主体，在追求经济利益的过程中不能忽视企业承担的社会责任和使命，对于平台上的自媒体决不能放任自流、听之任之，必须保证自己并监督、约束自媒体守法经营，守住道德底线，"除了要有好的专业素养之外，还要有高尚的人格修为，有'铁肩担道义'的社会责任感"①。

毋庸置疑，各平台在承担主体责任上做了大量工作。每个平台基本上都有自己的管理规定，在实际工作中也基本上都能按照国家的法律法规执行，并能根据自己的规定对自己范围内各个层次的媒体产品设计与创作进行有效管理。

例如，《微信企业号运营规范》的第四部分明确了内容使用规范，要求用户发送内容不得违反相关规定。内容使用规范详细列举了违反规定内容包含的范围，而且强调包括但不限于这些内容。

4.1　侵权或侵犯隐私类内容

4.1.1　主体侵权

4.1.1.1　擅自使用他人已经登记注册的企业名称或商标，侵犯他人企业名称专用权及商标专用权

4.1.1.2　擅自使用他人名称、头像，侵害他人名誉权、肖像权等合法权利

4.1.1.3　此类侵权行为一经发现，将对违规企业号予以注销处理

4.1.2　内容侵权

4.1.2.1　未经授权发送他人原创文章，侵犯他人知识产权

4.1.2.2　未经授权发送他人身份证号码、照片等个人隐私资料，侵犯他人肖像权、隐私权等合法权益

4.1.2.3　捏造事实公然丑化他人人格，或用侮辱、诽谤等方式损害他人名誉

4.1.2.4　未经授权发送企业商业秘密，侵犯企业合法权益

---

① 引自《中华人民共和国宪法》，中国人大网，2018-03-11，http://www.npc.gov.cn/npc/xinwen/node_505.htm。

4.1.2.5 首次出现此类侵权行为将对违规内容进行删除处理,多次出现或情节严重的将对违规企业号予以一定期限内封号处理

4.2 黄赌毒及暴力内容

4.2.1 黄赌毒

4.2.1.1 散布淫秽、色情内容,发送以色情为目的的情色文字、情色视频、情色漫画的内容,或发送色情擦边、性暗示类信息内容;但不限于上述形式

4.2.1.2 发送组织聚众赌博、出售赌博器具、传授赌博(千术)技巧、方式、方法等内容

4.2.2 暴力内容

4.2.2.1 散播人或动物被杀、致残以及枪击、刺伤、拷打等受伤情形的真实画面或出现描绘暴力或虐待儿童等内容

4.2.2.2 出现吸食毒品、自虐自残等令人不安的暴力画面内容

4.2.2.3 无资质销售或宣传仿真枪、弓箭、管制刀具、气枪等含有杀伤力枪支武器

4.2.2.4 出现以鼓励非法或鲁莽使用方式等为目的而描述真实武器的内容

4.3 危害国家安全和社会稳定内容

4.3.1 反党反共类内容

4.3.2 危害社会稳定类内容

4.3.3 涉黑类内容

4.4 危害平台安全内容

4.4.1 发送钓鱼网站等信息,诱使用户上当受骗蒙受损失

4.4.2 发送病毒、文件、计算机代码或程序,可能对微信消息发送服务的正常运行造成损害或中断

4.4.3 恶意高频调用企业号接口发送大容量信息,导致微信服务器受到损害或者中断

4.5 不实营销性/公关性内容

4.5.1 带有误导性、不真实的营销性或公关性的内容

4.5.2 过度营销,对用户造成骚扰的内容

4.6 其他涉及违法违规或违反相关规则的内容[①]

---

① 该部分内容引自《微信企业号运营规范》,2019-02-13,https://qy.weixin.qq.com/cgi-bin/readtemplate?t=standard_op.html。

微信强调,上述情况一经发现将根据违规程度对公众账号采取相应的处理措施。

2019 年 2 月 14 日腾讯游戏发布公告要求,在基于腾讯所运营游戏的直播中,严禁出现下列不良行为:

- 违反宪法确定的基本原则的;涉及国家政治、民族、宗教、地域等敏感话题的;
- 宣传或发布违法信息、违反社会公德的信息,或不利于精神文明建设的信息,包括但不限于色情、赌博、邪教、恐怖主义等内容;
- 通过任何方式、行为直接或间接损害腾讯游戏用户体验和腾讯游戏品牌;
- 通过任何方式、行为冒充平台或腾讯游戏官方向其他用户散布或传播虚假信息;
- 通过任何方式、行为散布或传播低俗、不雅信息;
- 通过任何方式、行为散布或传播使用私服、木马、外挂、病毒、代练及此类信息;
- 宣扬、鼓动现实世界内的血腥暴力行为;
- 未经许可,侵犯他人隐私,泄露他人信息的;
- 不遵守契约精神,合约期内无故单方面解约或与第三方签署影响合约正常履行的其他协议;
- 侵害游戏厂商和内容创作者的著作权,通过任何方式损害内容创作者或版权方权益;
- 通过任何方式或途径引起纷争,造成不良社会影响的;
- 其他不符合法律法规、社会公德或游戏规则的言论或行为。

腾讯游戏将一如既往加强运营游戏的内容及其衍生领域规范化管理,我们将对违法违规行为坚决予以追责处罚。[①]

再以 YY 平台为例,它在 2018 年 1 月 26 日发布了《关于进一步加强违规直播内容打击力度的公告》,明确要求,YY 主播严禁以任何形式表演带有色情、涉黄擦边、引起他人性欲、低级趣味的内容。

各平台对用户的违规违法行为处罚力度不可谓不严。仅以国家管理部门 2018 年 10 月 20 日开始开展的自媒体治理专项行动为例,各平台在此期间都加

---

① 该部分内容引自腾讯科技:《腾讯游戏发布公告规范直播行为:不得散布传播低俗、不雅信息》,2019-02-14,http://tech.qq.com/a/20190214/009593.htm。

大了处罚力度。截至 2018 年 11 月 12 日,共有 56 460 个视频和图文账号被腾讯处罚(48 039 个被禁言,8421 个被封停);截至 11 月 16 日,1 586 个账号被今日头条扣分/禁言;截至 11 月 19 日,共有 12 955 篇违规文章被搜狐清理,192 个账号被封禁。

但是,各平台的努力不能掩盖存在的问题。以下粗略统计了 2018 年各平台被管理部门约谈的部分情况,进一步证明了各平台不但存在问题,而且问题仍然很严重。

- 2018 年 4 月 4 日,快手、今日头条被国家广电总局约谈,约谈原因是其播出有违社会道德节目等问题。

- 2018 年 7 月 25 日,脉脉被北京市网信办等辖区管理部门约谈,约谈理由是其匿名版块谣言侮辱、诽谤及侵犯他人名誉。

- 2018 年 11 月 12 日,新浪微博和腾讯微信被中央网信办约谈,约谈原因是自媒体乱象。

- 2018 年 9 月 26 日,凤凰网被北京市网信办约谈,约谈理由是其传播违法不良信息等。

- 2018 年 11 月 14 日,10 家主要的客户端自媒体平台被中央网信办约谈,约谈原因是自媒体乱象。这 10 家平台是百度、腾讯、新浪、今日头条、搜狐、网易、UC 头条、一点资讯、凤凰、知乎。①

- 2019 年 1 月 2 日,搜狐、百度被北京市网信办约谈,约谈理由是其传播低俗庸俗信息、破坏网上舆论生态等问题。

- 2019 年 2 月 1 日,微信、聊天宝、马桶、多闪被中央网信办约谈,约谈理由是督促其履行和完善安全机制程序。

......

- 据@扫黄打非消息,北京市文化市场行政执法总队近日依法责令北京百度网讯科技有限公司和大麦网运营企业北京红马传媒文化发展有限公司限期改正违法行为,并分别处以罚款 2 万元和 5 万元的行政处罚。经查,2014 年 4 月至 2019 年 1 月,百度贴吧频道的"强制绝顶装置吧"提供含有诱发未成年人模仿违反社会公德和违法犯罪,宣扬淫秽色情内容的网络漫画。② 目前,百度已将涉案漫画删除,并关闭相应贴吧。2018 年 11 月至 2019 年 1 月,大麦

---

① 段弘:《公关次生危机:自媒体公关的隐忧》,载《公关世界》,2018-12-16。
② 郄建荣:《扫黄打非部门将整治校园周边文化环境》,载《法制日报》,2019-02-26。

网通过"明星团体"频道提供含有违禁内容的网络出版物。目前,大麦网已改正上述违法行为,删除相关内容。①

从部分约谈和处罚情况可以看出,这些平台不但问题多,而且很多问题重复出现,甚至是处罚后继续出现,属于典型的屡禁不止。媒体产品生产领域乱象纷生,平台负有不可推卸的责任。对此,平台要认真从思想上找原因,明确认识到媒体产品不是单纯的商品,它还有意识形态属性;不能单纯追求经济利益,要把社会效益真正放到心里,对违规违法行为要真心实意而不是三心二意心地对待,要严格管理,严格处罚。

二、自媒体人要加强自律

自媒体属于"草根阶层"的媒体,近几年得到飞速发展。它的诞生和发展,传递了信息,活跃了生活,改变了普通百姓感受世界的广度、深度和角度,使他们能更加立体、全面地认知世界。更重要的是,它提高了普通百姓的民主意识和社会治理主体意识,从而进一步推动了线上线下两个舆论场的互动和发展。但是,在看到自媒体发展的积极意义的同时,必须要对它存在的问题有清醒的认识。从实际情况看,自媒体不是有没有问题,而是问题相当严重。

对于存在的问题,管理部门毫不手软,严格管理,重重处罚,发挥了有力的震慑作用。"中央网信办近期会同有关部门,针对自媒体账号存在的一系列乱象问题,开展了集中清理整治专项行动。专项行动从10月20日起,已依法依规全网处置'唐纳德说''傅首尔''紫竹张先生''有束光''万能福利吧''野史秘闻''深夜视频'等9800多个自媒体账号。"②

2018年5月8日,一段戏谑、侮辱董存瑞烈士和叶挺烈士的短视频引起了舆论的强烈关注。这段视频是由自媒体"暴走漫画"发布的,它的解说词令人气愤。

很快,"暴走漫画"被今日头条封号处理。但是在这期间"暴走漫画"的态度令人对自媒体人的素质和自律意识感到担忧。拥有很高人气的"暴走漫画"主编王尼玛在所谓的道歉中,一是解释自己是为了调侃不合时宜的植入广告,而不是为了戏谑、侮辱英烈;二是指责批评者断章取义。尽管在被封号后"暴走漫画"团队到董存瑞烈士

---

① 该部分内容引自《百度、大麦网因传播有害信息被"扫黄打非"部门处罚》,2019-02-14,http://news.163.com/19/0214/17/E80BD74A0001899N.html。

② 人民网:《"唐纳德说""傅首尔"等近万自媒体账号被处置》,2018-11-14,http://bj.people.cn/n2/2018/1114/c82840-32282608.html。

陵园祭奠英烈,但舆论对此仍有很多质疑:他们此举到底是真正认识到自己的错误而真心忏悔呢,还是为了自己的经济利益而瞒天过海糊弄公众呢?不管怎样,法律对于他们的行为给予了明确界定。2018年5月24日,叶挺烈士之子叶正光及孙辈就"暴走漫画"的违法行为向西安市雁塔区人民法院提出起诉,9月28日法院最终判决"暴走漫画"公开道歉并赔偿10万元精神抚慰金。

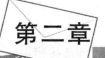
媒体产品设计与创作的基点①

媒体产品是精神产品,具有自己的特殊性,但是它也遵循一般产品的运行规律。在市场经济条件下,绝大部分产品都要变为商品到市场上流通。做好一款产品,要从内容、渠道、赢利模式和自身能力四个方面充分考量。

第一节　如何做好内容

一、找到需求

媒体产品能否卖得出去,并不以生产者的意志为转移,而主要取决于它是否满足了受众的需求。满足了受众的需求,媒体产品就有可能受到市场的欢迎,反之就有可能滞销。因此对于媒体产品来讲,找到受众的需求至关重要,这也是做好内容的基础。

(一)从国家发展战略中找到需求

国家战略是国家从社会经济发展的微观、中观和宏观需要,从人民群众的短期、中期和长期需求出发制定的事关国家改革开放大局、全局的方针政策。国家战略的贯彻实施是一项复杂的系统工程,需要全社会的共同努力,媒体产品设计与创作也不能置身事外。由于国家战略大都与社会民生关系密切,与社会重大需求高度关联,因此媒体产品设计与创作如果能够积极回应国家战略的要求,不但能丰富自己的内容,还能与社会情感产生互动、共鸣,通过借势社会热点吸引更多的受众,从而进一步提升自己的品牌影响力。

精准扶贫是中国全面建成小康社会的需要,从全国各地涌现出的一批聚焦农村发展的自媒体,向外部世界展示最美乡村、推介农业成果,成为很多封闭贫穷落后地区与外部市场沟通的桥梁和纽带,从传播效果来看契合了国家精准扶贫战略的需要,如"乡村丫头""巧妇9妹"等。一些新媒体平台也推出了精准扶贫扶持政策,对各地

---

① 本部分参考了李岭涛发表于《教育传媒研究》2019 年第 3 期的《关于自媒体经营几个问题的思考》和发表于《声屏世界广告人》2019 年第 8 期的《关于视频从业人员素质要求的重新认识》两篇文章。

的扶贫达人进行自媒体培训，并提供资源支持。比如，今日头条 2018 年 7 月推出了国内互联网公司首个亿元级别的"三农"信息补贴计划——"金稻穗计划"，从三个方面对"三农"自媒体进行扶持："一是优质内容扶持，加大对'三农'创作者的补贴，流量向优质、专业内容倾斜；二是设立'金稻穗奖'，每年春秋两季，奖励'三农'领域优质、专业内容；三是推出'三农合伙人'计划。"[1]

（二）从中国传统文化中找到需求

中国传统文化博大精深，源远流长，它是一个恢宏巨大、取之不竭、用之不尽的宝库，期待着媒体产品设计与创作去开发、挖掘、传播、弘扬。媒体产品设计与创作有义务、有责任"推动中华优秀传统文化创造性转化、创新性发展，继承革命文化，发展社会主义先进文化，不忘本来、吸收外来、面向未来，更好构筑中国精神、中国价值、中国力量，为人民提供精神指引"[2]。

现实中，媒体产品设计与创作有很多成功的例子，比如，中央电视台的《中国诗词大会》、北京电视台的《传承者》等。网上这方面的 UGC 内容也很多："吹糖人"是很多人永远抹不掉的儿时记忆，它不仅承载着童年的欢乐，而且传递着传统文化的魅力。但是由于多种原因，吹糖人的技艺却越来越远离我们的视野，爱奇艺推出的"吹糖人"系列微视频，既勾起了中老年人心中的那份温暖记忆，也因为题材贴近生活得到了年轻人的喜爱。这个例子说明，年轻人并不排斥传统文化，而是摒弃那种呆板、枯燥、老套的传播方式。只要能从年轻人的心理特点出发，传统文化完全有可能激起年轻人心中的涟漪。

（三）从需求层次递进中找到需求

随着全面建成小康社会的快速推进，越来越多的人从温饱走向富足，越来越多人的需求层次从低级上升到高级。这种变化的速度远远超出了人们的想象，特别是三、四线城市和农村地区。逐渐富足起来的受众对于精神层面的需求呈井喷式增长，他们对于自己的未来充满展望，对于改变自己命运的欲望非常强烈。他们希望了解自己、了解周边、了解大千世界，同时也希望向别人展示自己，希望外部世界了解自己、关注自己和理解自己。这种与社会经济发展进程同步的需求进化，正在衍生出更多方面、更多层次的新需求，媒体产品设计与创作抓住了这些需求，就等于抓住了自己

---

[1]　金志刚：《今日头条发布金稻穗计划 5 亿补贴招募"三农合伙人"》，载《新民晚报》，2018-07-03，http:// newsxmwb.xinmin.cn/wangshi/2018/07/03/31402572.html。

[2]　引自十九大报告，人民网，2017-10-28，http://cpc.people.com.cn/n1/2017/1028/c64094-29613660. html。

的未来。

"出生在三、四线城市及以下的县城、乡镇,在老家生活工作或前往大城市及省会周边城市打拼的青年"[1]被称为"小镇青年",他们很大程度上代表了需求层次的迅速递进,代表了与一、二线城市差异化明显的消费生态。与一线城市人群相比,世界的变化在他们心目中更大,对于他们思想的冲击更大。相对于一、二线城市的受众,小镇青年经济上的压力要宽松得多,他们的业余时间也要充裕得多,因此属于有钱又有闲的群体,他们对于精神产品既有旺盛的需求又舍得付费。正是因为他们的这些特征,小镇青年被认为撑起了"中国文娱市场的半边天"。2017年的电影《战狼2》证明了这一点,正是得益于小镇青年近一半票房的贡献,《战狼2》才创造了中国"50亿＋"的票房纪录。

（四）从不同圈层中找到需求

随着代际更替,圈层已经由边缘化的概念进入主流阶层。在不同的圈层中,受众之间拥有高度一致或相近的价值观,用圈层特有的语言和思维方式交流,在意彼此观点上的认同、赞许。圈层的这种特点导致了受众之间的趋同效应明显,影响了其中部分人,特别是KOL,这就等于影响了整个圈层。现在的圈层人群大部分是从年轻时逐步发展过来的,圈层人群的思想也处在由单纯到成熟的过程。圈层人群由边缘地段进入主流社会,必然面临思维方式的优化升级,面临圈层价值观与主流价值观的融合互动。由此可见,研究圈层的变动将为媒体产品设计与创作带来无数机会。

媒体产品设计与创作要从圈层中找到并抓住需求,首先要找到关键性的KOL,而且要与他们建立紧密的联系。具体做法是,"在社交网络找到KOL,在垂直平台抓取KOL,跨界合作分享,媒体合作吸引KOL,线下活动筛选KOL,内外部数据挖掘KOL"[2]。在此基础上,要调动KOL的积极性,让整个传播和营销过程充满活力,也就是"让KOL节目动起来,话题聊起来,活动乐起来,粉丝牛起来"[3]。

二、适当表达

对于媒体产品设计与创作而言,表达和内容同样重要。有了好的内容,如果没有

---

① 百度百科:"小镇青年",2019-02-23,https://baike.baidu.com/item/小镇青年/22312363。

② 水伯:《透过"圈层文化",演绎"圈层语言"新物种,品牌"王炸"朋友圈》,2017-08-30,http://www.woshipm.com/operate/769434.html。

③ 水伯:《透过"圈层文化",演绎"圈层语言"新物种,品牌"王炸"朋友圈》,2017-08-30,http://www.woshipm.com/operate/769434.html。

好的表达方式,也很难赢得受众的心。因此,做到内容和表达的表里如一、气质相合至关重要。

(一)选择适合自己的生产方式定位

在新媒体中有 PGC 和 UGC 两种截然不同的内容生产方式,选择的依据取决于内容的分发平台。在爱奇艺、优酷等平台上,PGC 占主导,受众对于内容的品质有很高的期待,对于低劣内容的宽容度很低。所以,影视剧、综艺节目等专业内容在这些平台占据主导地位。相反,在抖音、快手等 UGC 平台上,一些专业机构制作的精美视频其传播效果反而不如同题材的 UGC,这其中主要原因之一是过于精致的画面反而与受众的心理产生距离,在贴近性上就比 UGC 稍逊一等。在这些平台上,受众希望看到的不是高大上的内容,而是接地气、新奇特、时效性强的内容。

因此,选定了内容分发平台实际上就确定了生产方式定位。

(二)选择差异化的内容呈现方式

对于同样的内容,有不同的呈现方式可以选择。选择的主要原则是避免雷同,体现显著的差异化。要做到差异化,可以从两个方面入手:一方面,要研究竞争对手,特别是研究准备进入领域的、有影响力的媒体产品,主动回避它们的主要卖点,寻求自己的独到内容呈现方式;同时,分析他们的短板和不足,做到人无我有,凸显自己的表达个性。另一方面,用内容选择的差异化倒逼呈现方式的差异化。每个人都先天性地具有自己的特性,每种媒体产品内容也先天性地有着与自己气质相吻合的呈现方式,这种特殊性将赋予其独有的个性和魅力。因此,避免其他方式的干扰和诱惑,挖掘与所选择内容相匹配的呈现方式,将是媒体产品设计与创作者追赶和超越前人,并设置进入门槛的重要策略。当然,在实际操作过程中不能离开受众的需求特点自说自话,而是要注意把自己的特性与受众的需求有机结合。

(三)选择恰当的内容组织方式

作为一种有效的传播方式,专题性的内容生产方式经常被传统媒体用来提升影响力,它的优势是能够连续向受众提供同一题材的不同侧面、不同层次的解读。这种方式曾屡试不爽,但这是基于传统媒体线性传播特点基础上的,而移动媒体的实际情况反映了不同的特点。据梨视频统计,专题性的内容生产方式相较于随机性的内容推送并没有明显的优势。之所以会产生这种差别,主要原因在于,相对于传统媒体而言,移动媒体受众消化规模过大的同类内容的能力和欲望有限,当同时面对同一题材的过多信息时,他们就会遭遇选择烦恼,反而不如随机性的内容更能得到他们的青睐。

因此，到底是采取哪种内容组织方式，决不能拍脑袋决定，而应该根据实际传播效果定夺。

第二节　找好渠道

一、选择分发渠道

设计与创作媒体产品，目的是为了走入市场，满足受众的需求。要与受众见面，就必须有与自己调性相适应的传播渠道或平台。平台选对了，实际上就找到了自己的目标受众群。

以 App 为例，根据运营形态一般可以分为内容发布型、摄影工具型和社交平台型。形态的不同必然带来与受众关系的不同，从而给受众带来的体验也不同。资讯类的内容可以选择内容发布型，像梨视频、火山小视频等，只要内容足够新鲜，肯定能够得到更加高效的传播；爱美的受众可以选择摄影工具型，像逗拍、VUE 等，可以借助其美拍功能让自己的摄影摄像技术显得更加技高一筹；喜欢社交的受众可以选择社交平台型，像抖音、快手等，只要内容足够独特和差别化，肯定能够得到更多的点赞。

其实，同一类渠道或平台也有不同。比如，抖音和快手，它们是短视频领域的领头羊，但是在创建之初它们走的就是截然不同的两条道路，它们的用户逻辑背道而驰，"南抖音，北快手"的标签化效应凸显了二者用户群体的巨大差异。抖音被称为剧场式，是秀场，进入抖音是有门槛的，抖音会孵化自己的头部用户。抖音的内容以音乐和话题为主，形式比较单一，但质量相对较高，对用户的制作要求也水涨船高。虽然抖音定位为"记录美好生活"，但在业内人士看来，"美好"比"记录"更重要，抖音提供的制作工具很可能使用户失去自主性，用美好掩盖了自己生活的真实性。快手被称为广场式，进入快手没有门槛，快手强调的是去中心化，面向普通百姓，提倡想拍就拍，不刻意突出头部用户。快手的内容多姿多彩，质量良莠不齐，克服了用户的语言、文字等障碍，初步解决了底层发声的问题。快手定位为"记录世界，记录你"，强调的是原汁原味，真实、生动、丰富，不依靠效果加持来雕饰和夸张。

二、整合营销手段

信息传播渠道的层出不穷导致受众的信息接收日益多元化、多层次化，他们的注意力被大大分散,很难集中在某一个信息源上。另外,竞争环境动态性的增强导致营销环境不确定性加大,以不变应万变的策略将大大不合时宜。在这种情况下,仅仅依靠一种营销方式或渠道想影响受众已经基本不可能,必须综合使用多种手段、多种渠道、多种方式,形成对受众的信息包围,让他们各个时间、各个空间都有可能接触到营销信息。

传统的营销手段有广告、人员推销、公共关系和促销等,这些手段一般是单向传播,很难形成互动。其优势是具有权威性,可信度高,覆盖面广,更加有利于形成品牌。新兴的营销手段有微信、微博、线上线下互动社区、KOL 营销、客户端、App 等,这些手段往往是双向传播,受众的参与度高,能够形成互动,易于导流;缺点是覆盖面窄,而且可信度低,缺少权威性。

营销手段多种多样、各有所长,关键要根据自己的实际情况合理组合。对于新媒体中的媒体产品而言,除了平台型媒体有实力利用传统营销手段以外,一般的诸如自媒体类产品是很少有能力进行大规模营销推广的,这一类产品更应该整合新兴的营销手段。其主要可以从三个方面入手:一是要让受众充分参与、互动、共享,让他们的主体性发挥得淋漓尽致,让他们真正成为传播活动的主人;二是要真正了解受众的个性和需求,直击他们的痛点,给他们贴心的、独特的、专属的体验;三是给予媒体产品更多的附加价值,让他们既感觉到产品本身物超所值,更体会到产品所带来的认同、推崇和荣耀。

第三节　明晰赢利模式

一、创新广告传播模式

一直以来,广告都是媒体产品的主要收入来源。尽管媒体产品从未停止过寻找新的经济增长点,但到目前为止,仍然没有撼动广告在收入来源中的支配地位。随着行业的发展,特别是在受众需求的压力下,广告的理念、形态和传播模式都发生了深刻的变化,这种变化使得广告更加适应传播规律,更加适应受众的心理变化趋势,从而带来更高的质量和更好的传播效果。

尽管广告已经取得了很大进步,但面对变动频率越来越高、专注周期越来越短的受众需求,媒体产品设计与创作必须继续创新广告传播模式,进一步发挥其支柱作用,为自身发展打下坚实的经济基础。

同时,广告作为一种媒体产品,它的创新所需要遵循的原则与一般的媒体产品创新是一样的。

(一) 尊重受众的主体性,连接受众生活场景

相对于一般的媒体产品,受众对广告的要求更高,或者说更挑剔。对于不感兴趣的或者质量低下的广告,他们会毫不犹豫地用脚投票。因此,要想达到好的效果,首先要尊重和挖掘受众的主体性,让他们真正成为广告传播过程的主体。这就要求广告产品能够从受众心理需求出发,连接和融入他们的生活场景,从而产生心理或精神上的共鸣。

由于移动媒体的飞速发展,受众的生活场景已经发生了巨大变化,其不再是固定的、静止的,而是移动的、动态的。这就要求广告传播也要用移动的、动态的思维来推进,跟上受众的思维节奏,跟上他们的行动速度,唯有这样,才有可能克服困难,从变化中找到或者创造更多机会。

(二) 重视与内容生产的统一性,实现广告传播的立体化

长期以来,媒体产品设计与创作往往把内容生产过程和广告传播过程二者分割开来,这不但增加了广告传播的成本,而且降低了传播效果。媒体产品与一般的物质产品不同,它本身就自带广告传播所需要的各种属性,如果忽视这些属性而另起炉灶设计与创作新的广告产品,则从整个立意上就大大降低了自己的竞争层次和水平。

从媒体产品设计与创作的规律来看,作为媒体产品重要内容的广告产品应该从媒体产品开始创意的时候就介入,一直到媒体产品为受众所接受。从媒体产品的构思与创意、融资、项目正式启动、素材收集与整理、撰写脚本、产品拍摄、后期剪辑包装,最后到播出分发,能够把内容生产过程与广告传播过程有机地结合起来,将使广告传播多层次、多点位、立体化,有效增加接触受众的机会,提高受众接受的程度和概率。

(三) 增强广告传播的互动性,满足受众的体验需求

在自媒体大行其道的环境中,广告传播更应该改变传统的单向传播的特点,增强自己与受众的互动性,给受众带来别样的体验。要做出这种改变会很吃力,因为这不是以广告传播的意志为转移的,而是由受众的客观需求所决定的。适应了受众的需求变动,广告传播可能会迎来一片蓝天,否则可能会事倍功半,出力不讨好。

同时,技术的发展也为这种互动创造了条件和可能,广告传播应该成为新技术应用的先行先试者:一是要利用好新技术创造的沟通渠道,使得与受众的互动畅通无

阻;二是利用好新技术创造的多屏互动场景,让受众体验不同场景快速转换的酣畅淋漓;三是利用好新技术创造的反馈机制,让受众在被导流的过程中享受生活的便利。

二、打造产业链

媒体产品设计与创作在收入来源上对广告的过度依赖导致经营风险巨大,稍有风吹草动就有可能带来致命的威胁。以传统媒体为例,由于一直没有找到可持续经营的经济增长点,在广告收入断崖式下跌的情况下,原来在媒体市场上叱咤风云的雄姿荡然无存,剩下的只有寻求财政支持的无助与可怜。面对如此惨痛的教训,媒体产品设计与创作必须改变把宝都押在广告上的做法,实现收入来源的多元化,避免把鸡蛋放在一个篮子里,从而增强应对风险的能力。

(一)从内容本身入手,打造付费模式

内容是媒体产品设计与创作的根本,但一直以来大部分媒体产品很少直接从内容本身获得收入。随着对知识需求的增加,越来越多的人开始接受为知识而付费的方式。要想获得更多受众为自己的内容付费,自己的内容就必须是受众所必需的,而且通过其他渠道很难获取。一般而言,受众购买的内容通常是为自己的发展性需求服务的,希望通过对知识的学习进一步提升自己。媒体产品设计与创作必须对受众的这些需求进行深入研究,做到有的放矢。

(二)从受众关系着力,发展粉丝经济

由普通受众发展为粉丝,这是受众关系的较高境界。在媒体产品设计与创作和受众发生关系的各个方面,都有可能通过为粉丝提供个性化服务而获取收益。要想让受众成为粉丝,很重要的一点是培养他们的归属感,找到或培养他们的情怀。情怀是以相同或相似的价值观为基础的,是在受众之间建立紧密联系的纽带。有了浓郁的情怀,就可以建立强连接关系的社群了。大部分的粉丝是非理性和具象的,因此媒体产品应建立和强化自己人格化的形象,让粉丝能触、有感,从而为与他们的互动打好基础。

(三)从品牌资产出发,实现线上线下互动

媒体产品具有无形资产丰富、对相关产业拉动作用大的特点,尤其是对于调性相合的有形资产有很强的放大作用。从行业需求和特点看,旅游、体育赛事、会展、特色小镇等比较适合与媒体产品结合。媒体产品创造的打卡圣地让无数粉丝争相前往,网红地旅游成为新的旅游特色。影视、游戏等助力特色小镇,让原本硬邦邦的居住区

域生发出文化色彩;网上马拉松让跑者可以避开人头攒动,在独享宁静中同样获得挑战极限的乐趣。媒体产品推动的线上线下互动,改变了原有的生态,创造了新的业态,有效拉长了产业链,为媒体产品经营创造了更多机会、更大空间。

(四)促进交易落脚,助力电商导流

在对媒体产品的应用中,除了传统的品牌推广以外,客户更加注重能够通过和媒体产品设计与创作的合作直接促成受众与自己的交易。要满足客户的要求,首先要注意产品的目标受众群是否与客户的目标消费者群相吻合;其次,要使产品的内容与客户发生密切关联,能够让受众在二者之间产生联想;再次,媒体产品与客户间的通道要畅通无阻,保证受众在被导流过程中有良好的体验;最后,要确保合作客户为受众提供高质量的产品和服务,通过物有所值乃至于物超所值的用户体验增强受众对媒体产品和合作客户的忠诚度。

第四节　契合自身素质

社会的飞速发展释放了人们的内心需求,这种释放使得受众的需求千变万化、千奇百怪,"不怕做不到,就怕想不到"。受众需求的日益细化和多样性既给媒体产品设计与创作带来了更多困难,也给更多的人创造了机会。在这些需求中,有些是只有专业机构才能够满足的,而有些长尾化的需求由于成本的原因,专业机构是不屑于光顾的。自媒体的兴起为这些长尾化需求的满足创造了条件,也极大地放宽了对媒体人素质的要求。在多种多样的需求中,只要具备了一定的自媒体技能,每个阶层的人都能找到自己的努力方向,最关键的是要发挥好自身素质的稀缺性,做到受众需求与自身特征的契合。

一、与知识结构相契合

在信息传播无盲点覆盖的时代,信息的话语权逐步由媒体人向受众手中转移。由此,每个人都有可能成为某个领域的专家,这对内容的专业性提出了更高要求。从某种程度上来讲,媒体人的知识结构是与内容的专业性成正相关关系的。但是,知识结构的价值在于它的稀缺性,这种稀缺性不是绝对的,不是对所有需求都有稀缺性,而是相对的,是相对于某类受众的某类需求而言具有稀缺性。面对海量长尾化需求,基本上每一种知识结构都可能找到自己相对应的需求,知识结构对这种需求是稀缺的。在这种条件下,知识结构是能够满足受众需求的,是能够做到与媒体产品设计与

创作相契合的。

媒体产品设计与创作所传递的知识必须与受众拥有的知识发生关系,对其产生有效影响,只有这样,这种传播才会有效果和意义。罗振宇("罗胖")的"得到"自媒体很好地体现了这种契合。除了罗振宇以外,"得到"汇集了薛兆丰、万维钢、宁向东等一批杰出人士,他们的知识结构能够与受众提升自我的需求相吻合,从而受到了广泛欢迎。除了高知识阶层,低学历的人也能达到这种效果。四川泸州合江县的一名农村小伙子刘金银(网名"金牛"),只有初中一年级的文化,但是他利用自己对农村的了解开设直播,向受众介绍原汁原味的农村生活,同样受到了受众的欢迎。

二、与社会阅历相契合

读万卷书,行万里路。社会阅历属于直接经验的范畴,对于人们认识社会、认识人生、认识世界有很大的帮助。但是,由于各种条件的限制,现实中能够行万里路的人毕竟占少数,也就是说,很少有人能凡事都通过直接经验获取知识和信息,大部分的知识获取要靠书本。正是由于这个原因,社会阅历对于一些人来说已经习以为常,而对另外一些人来讲却具有稀缺性,是他们获得间接经验的重要来源。新媒体的发展又为受众提供了全新的获取间接经验的渠道。特别是自媒体的流行,让受众能够与媒体人进行直接的、直观的社会阅历的沟通和交流。这种社会阅历的稀缺性为媒体产品设计与创作打开了更宽广的空间。

社会阅历的稀缺性会带来差别化,而这种与受众阅历的差别化会导致强烈的反差和对比,因此很容易引起受众的兴趣。在山东省的北部农村,出生于 1990 年的农民李传帅带领一帮农村妇女通过自媒体走上了致富路。这些妇女大都学历不高,原来都是家庭妇女,但她们的农村生活经历是城里人所关心的,能够满足城里人的农村情怀。因此李传帅把自己的自媒体定位为"农村＋农妇＋高收入＋自媒体",以向城里人尤其是一、二线城市受众展示他们感到陌生、新鲜的农村风情风貌为主要内容。2018 年他们的《家里喜得千金,外公不远千里来祝贺,送的礼物让人佩服》仅靠几张图片和一首小诗就获得了 20 多万的阅读量,而《农村花二十万的四合院,宽敞明亮,胜过楼房》靠几张房子图片就赢得了近 30 万受众的追捧。

三、与活动场景相契合

在自媒体出现之前,尽管每天发生各种各样生动的事情,大到世界风云,小到家长里短,但除了当事人以外,很少有人能直接与事件现场、活动场景发生直接关系。

人们的好奇心受到很大抑制,事件和活动传播的广度与深度也受到很大局限。而自媒体的发展在逐渐改变这种局面,它们把受众直接带到了活动场景之中。全新的场景、全新的事物、全新的人物,受众沉浸其中,享受世界的万千变化,品味生活的多姿多彩。

受众经历和精力的有限性必然带来活动场景的稀缺性,必然造成受众在某方面的饥饿感和好奇心。消除这种饥饿感,满足这种好奇心,这将为媒体产品设计与创作创造新的机会。以农村题材的直播为例,我们经常会看到农村结婚、回娘家、农产品收割等内容。这些直播尽管制作质量不敢恭维,但仍然受到了受众的追捧,主要原因在于:这些内容真实自然,没有表演的成分,直播人员用自己独有的语言方式,像朋友一样带着受众来到现场,让受众体验、参与不折不扣、有滋有味的生活场景。这些场景本来是遥不可及的,直播人员很强的现场代入感把场景拉到受众身边,与他们的心融合在一起。

第三章

微产品的设计与制作

第一节　微产品的界定

一、微传播时代的消费特点

微传播是移动通信和互联网技术深度嵌入现代文化生活而产生的一种新的传播方式,微传播正在快速改变着传统的媒介生态,也正在深刻影响着每一位网民的日常生活。所谓微传播,指的是以微博、微信、移动客户端等新媒体为媒介的信息传播方式。[①] 移动互联网使得媒体深度嵌入我们的生活,中国记协发布的《中国新闻事业发展报告(2017 年)》数据显示,微博、微信等成为使用人数最多、传播力最强的新媒体形态。[②] 微传播具有传播信息"碎片化"、以互动为核心、传播方式方便快捷等特点,正在成为一种主流的传播方式。

(一)微传播时代下的"碎片化"语境

"碎片化"(Fragmentation)一词最早出现于 20 世纪 80 年代的"后现代主义"研究文献中。后来,哈贝马斯在谈到"公共领域"时讲到:"原先由面对面相互辩论所组成的公共领域,在现代社会已经瓦解为由消费者组成的'碎片化'世界。这些消费者沉迷于传媒景观与传媒技术之中不能自拔,成为它们的奴隶。"[③]传媒技术的发展使得传播的内容、形式等更加丰富多样,与之相对的是快节奏的现代生活使得网民的闲暇时光变少,二者的矛盾是导致传播"碎片化"的直接原因。

"碎片化",是计算机与网络技术深度嵌入现代经济社会与文化生活之后,人类社会对科技文明的一次彻底反叛。[④] 网民的个人意识增强,自我关注度明显提升,个性化、多样化消费趋势逐渐增强,"从众消费"时代已经过去,"权威意见"已不再是人们

---

① 唐绪军、黄楚新、刘瑞生:《微传播:正在兴起的主流传播——微传播的现状、特征及意义》,载《新闻与写作》,2014(9)。

② 《中国新闻事业发展报告(2017 年)》,2018-06-19,人民网,http://media.people.com.cn/n1/2018/0619/c40606-30066337-7.html。

③ 尤尔根·哈贝马斯:《公共领域的结构转型》,曹卫东等译,3 页,北京,学林出版社,1999。

④ 段永朝:《互联网:"碎片化"生存》,156 页,北京,中信出版社,2009。

的消费指南,网民更倾向于自己感兴趣的内容。用户需要的是短小精悍、内容个性化、易于传播的微信息,适合于微传播时代分享互动的短内容,这是微传播时代信息"碎片化"的根本原因。总之,用"碎片化"来描述微传播时代的传播特征,能够准确地概括当今社会大众分化、传播内容复杂化的现状。

(二) 消费群体的变化

CNNIC 发布的第 43 次《中国互联网络发展状况统计报告》显示,截至 2018 年 12 月,中国网民规模达 8.29 亿,增长 3.8 %,其中中青年群体占主体,10～39 岁群体占整体网民的 67.8%,其中 20～29 岁年龄段的网民占比最高,达 26.8%。[①] 年轻的受众群体正在快速向互联网市场分流。

微传播时代用户对个性化、小众、专业垂直的内容更加买账,他们以自我为中心,只追求自己想看到的内容;他们不再青睐大平台、大制作,反而更倾向于扁平化、"小而美"的自媒体;他们更加注重分享和互动,并以此组建自己的交流圈;他们空闲时间少,只能"碎片化"地进行短时间浏览。微传播时代,消费群体对内容的追求,也导致了媒介产品的变化,从而导致了媒介市场的快速分化。

(三) 媒介产品的变化

消费群体发生改变,传统的媒介产品已经不能满足用户的需求,正如尼尔森在《贪婪的视频观众》中所提到的,"观众从未关掉'电视',而是转向那些可以让他们随时随地获取喜爱节目的新技术和新设备"[②]。媒介产品市场快速地进行分化,以微博、微信、移动客户端等新媒体为媒介的信息传播方式正在成为主流。微传播平台在组织结构上,摆脱了传统冗繁的组织结构,结构简单、内容获取便捷;在内容制作上,内容更加专业、个性,能满足主流用户的阅读心理,以用户为中心,激发用户情感投入、交流沟通等切身感受;在产品形式上,微产品更加短小精悍、更加"碎片化",能满足用户分享互动的需求,界面更加美观,排版方式也更加符合用户的阅读习惯。

(四) 营销理念的变化

传媒机构是需要赢利的,如何通过满足用户需求从而实现赢利是传媒经营者一直在探索的问题。用户需求一直在变化,微传播时代传媒的营销理念应如何转变?

经典的"4P 营销理论"(The Marketing Theory of 4Ps)将营销分为四个方面,即

---

① 第 43 次《中国互联网络发展状况统计报告》,中国互联网络信息中心,2019-02-28,http://search.cnnic.cn/cnnic_search/showResult.jsp。

② 王虎:《媒体社交化语境下的社会资本扩张与传统电视变革》,载《新闻记者》,2014-06-05。

产品(Product)、价格(Price)、渠道(Place)和宣传(Promotion)。该理论产生于 20 世纪 60 年代的美国,如今已不适用于微传播时代的网络营销,因为受众不再是被动的接受者,营销信息也不再是单向线性流动;信息多元、双向流动使得营销信息必须是用户自愿获取的。如何准确无误地"击中"用户? 网络整合营销"4I 原则"给我们提供了指引。

网络整合营销的"4I 原则"——趣味(Interesting)、利益(Interests)、个性(Individuality)和互动(Interaction),按照《体验经济》的作者约瑟夫·派恩的观点,"体验是使每个人以个性化的方式参与其中,是意识中产生的美好感觉"[①]。网络营销要以使用户产生难忘的感受为目的,以此抓住用户的注意力,改变用户的消费行为。在注意力为王的时代,想要抓住用户,最根本的是内容质量,要求内容产品具有趣味性,在"娱乐至死"的时代,只要有趣就能够吸引用户;同时,还要具有个性,精准定位用户,使消费者产生"焦点关注"的满足感,"撞衫"容易使用户失去兴趣;内容消费关键在于体验,体验的目标在于消费者身份的转换,用户不再是被动的接收者,与用户进行有效互动可以极大地提高营销的成功率。网络整合营销的"4I 原则"契合了碎片化语境下的用户习惯和平台特点,使用户能够随时随地通过新媒体平台获得自己想要的内容,信息内容更加多元、立体、离散,结合了用户时间"碎片化"的特点,使用户能够更好地融入其中,产生一种精神满足感。

二、微产品的内涵与外延

内容产品化是互联网经济时代传媒生产的重要方向。微传播时代,微产品正在成为主流的传媒产品。所谓的"微产品",不仅仅是将传统的媒体内容贴上"产品"标签,把内容"剪碎"变成短内容这么简单。

(一)微产品的内涵

"产品"顾名思义要有营销的价值,新媒体时代的"微产品"要以移动互联网为平台,在传媒产品基础上结合微传播时代的特点,满足用户个性化、碎片化、专业化、便捷化等要求。"微产品"可以界定为:以营销为价值、以移动互联网为平台的内容产品或营销方案。

传媒产业的运营靠的是内容产品的市场营销,在商业模式引领下,具体营销策略成为产业制胜的关键。根据上文提到的网络整合营销"4I 原则",内容产品的趣味

---

① 约瑟夫·派恩、詹姆斯·吉尔摩:《体验经济》,夏业良等译,7 页,北京,机械工业出版社,2002。

性、个性、利益性、互动性是关键，能否在移动互联网平台上实现最优营销、获得利益最大化，是判断一个微产品优劣的根本标准。

（二）微产品的外延

"在互联网时代，决定传媒产品消费的将不仅仅是内容本身，而是关系营造、移动需求、个性满足、电子商务和本地生活打造等综合层面的设计。"[1]菲利普·科特勒提出产品的"五层次模型"（见图 3-1），他将文化产品划分为五个层次：核心产品层、有形产品层、期望产品层、附加产品层、潜在产品层。[2] 产品的提供不应该只针对核心产品，其他的外延产品层有更大的发展空间。

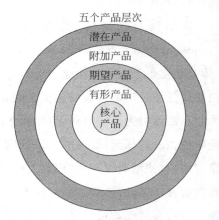

图 3-1　科特勒关于产品的五个层次

图片来源：百度百科

传统的媒体内容生产，主要着眼于核心利益层，只要将内容传达给受众，提供信息的基本效用，媒体的任务就完成了。但是在新媒体时代，传媒产品不再是内容本身，媒体应当将注意力放到更深层次的产品层上。对于有形产品层，媒体应当结合新媒体平台的特点和用户习惯，对原有的内容进行"再包装"，以不同视角、不同标题、不同编排，重新制作内容，以适应新平台；期望产品层是用户在消费时对产品特点、质量、使用便利程度等方面的期望，媒体在制作有形产品时应当充分考虑用户喜好，满足用户期待；附加产品层是使产品与其他竞争对手相区别的附加服务；潜在产品层是可能产生的延伸或演变。

以数字技术为核心的新媒体产业快速发展，创造出一个新的媒介生态，这一生态的典型特征在于媒介融合。传统的电视生态单一地向受众传达信息的时代已经过去，受众的"碎片化"所带来的是注意力资源的分散和转移，想要获得产品效益最大化，单靠产品的直接"移植"是没有办法达到的，科特勒"五层次理论"中的有形产品层理论可以给予我们指导。

单一媒介的传播已经不能满足产品营销策略，不同的媒体平台有各自的传播特点，在目前媒介融合的大形势下，以深度融合为目标的整合营销是关键。实现整合营

---

① 王虎：《电视的社会化生存——中国社交电视发展路径选择》，100 页，青岛，青岛出版社，2016。

② 宋咏梅、孙根年：《科特勒产品层次理论及其消费者价值评价》，载《商业时代》，2007(14)。

销,需要同时对媒介终端和信息内容进行全方位地整合运用,不是普通意义的相加组合,而是更高层次的融合。这种融合要求媒介运用在种类、时间、频率上的系统性架构更加复杂精密,因为不同的媒介在应用的场合、时间、目的、氛围上是不一样的,这时候就需要将产品内容以不同的表达方式、角度、诉求、风格等分别与属性适合的媒介终端融合,这种多元化分支信息的系统性、有机性的"整合"传播,是实现效益最大化的营销手段之一。

三、微产品的类型

传媒产品的分类多种多样,按照产品的呈现形式可以将微产品分为:微视频、微文案、微音频和微营销。

(一)微视频

随着数字技术和网络技术的日益成熟,微视频在网络上的传输变得更加便捷,视频因其包容性和感官的刺激性逐渐成为一种主流的传播形式。微视频是指在微信、微博、新媒体客户端等能够观看、互动、分享的一种微产品形式,微视频也因其表现形式和表现内容的不同可以分为不同的种类:微电影、微系列节目、短视频等。

(1)微电影是大众艺术的一种新形式,是在数字技术和网络技术日益成熟的背景下产生的,是通过视听语言来表达创作者的主观情感、满足观众的精神需求、浓缩与夸张地表现现实社会生活的一种艺术形式。微电影都是以创意为起点,视频创意能否"戳中"用户,使用户产生情感共鸣,这是微电影作为微产品营销的关键点。

(2)微系列节目是指由一系列微视频组成、共同表达一个主题的系列节目。以山东广播电视台齐鲁频道推出的《连续30天回家陪爸妈吃饭》微系列节目为例(见图3-2),该节目选取了13个普通家庭。子女挑战连续30天回家陪爸妈吃饭,无论选手挑战成功与否,全程都真实、客观地记录。通过将挑战家庭的手机直播信号分路收集,再重新制作和集中分发,顺畅地实现了13个家庭同时在线,主持人可与任一家庭"零延时"视频互动。这种形式的节目以社会观察的创新方式,借助融媒技术手段,台网融合,实时互动,弘扬了主流价值观,契合了微传播时代用户互动分享的需求,也更容易激起用户的情感共鸣。

(3)短视频是指抖音、快手、今日头条等短视频App审核通过的UGC视频内容,起初的短视频主要是用户记录日常生活的一种形式,但在"流量为王"的市场化大潮下,开始出现将流量导流和变现的专业团队,自2016年papi酱拍卖第一条天价短视频广告至今,短视频营销成为风口已持续数年。目前又出现了一种短视频变现的

图 3-2　山东广播电视台齐鲁频道《连续 30 天回家陪爸妈吃饭》节目

图片来源：新闻截图

新路径：短视频平台与电商平台合作，打通直接变现通道。短视频博主通过内容吸引用户，具备一定的粉丝基础之后，向粉丝推荐商品，视频的本质也可定义为一种微广告。

（二）微文案

微文案是指在微博、微信等新媒体平台上发布的以文字、图片结合为主要形式的微产品。以微信推送为例，微信推送是指申请微信公众平台账号的用户或团队定期向关注该账号的用户推送的内容产品，此处的微信推送主要是指微信订阅号推送的内容。微信订阅号多是一些企业、媒体、自媒体、政府或其他组织使用，为媒体和个人提供一种新的信息传播方式，构建与读者之间更好的沟通和管理模式。微信推送的内容定位精准，收到推送的用户基本上都是自愿关注该账号的；获取内容简单便捷，点开推送消息或在订阅号消息中查找即可；推送内容更加专业且具有个性，用户既可以在推送下方进行评论互动，也可以分享到微信群或朋友圈中，内容精简，适合用户的"碎片化"阅读习惯。

（三）微音频

微音频是新媒体平台上发布的音频形式的微产品。过去，音频是一种比较小众的媒介产品，受众只能通过广播获取，内容匮乏、传播渠道狭窄。现在，我们拥有了 2 亿车主和 8 亿手机用户，人人都需要一个随时随地能用来获取信息、学习和娱乐的声音平台。以喜马拉雅音频平台为例，喜马拉雅的内容来源包括校园电台、广播电台、电视台、报业集团、自媒体、培训机构、草根主播、杂志社等，集合了各个平台的内容并转化为音频形式,方便用户的场景使用。

(四)微营销

微营销不属于微视频和微文案的范畴,但是又包含微视频和微文案的形式,在此将其单列一类。微营销的形式多种多样,可以发布在不同的平台上。当下,用户需求呈现多样化和精细化的特点,想要迎合用户的消费特点,企业需要建立一套灵活的营销思维。微传播时代,社会化媒体与生活的联系更加紧密,抓住了用户的社交媒体就等于抓住了市场,借助微信、微博、新媒体 App 等平台是帮助企业实现低成本、高性价比的微营销手段。

凯迪拉克可以算是中国最早进行整合微营销的传播平台,凯迪拉克的官方微博主要呈现这 100 年豪华汽车品牌的深厚文化底蕴,涵盖品牌资讯、技术解析、时尚街拍、名人逸事等,堪称凯迪拉克的"微杂志",并参与网友的话题讨论,与网友进行实时互动。2010 年,凯迪拉克推出新品,携手吴彦祖拍摄了片长 90 秒的微电影,这部微电影在网络上迅速引爆关注。凯迪拉克也开启了官方微信公众平台,在微信公众平台进行宣传,有固定的群众基础,并针对不同用户定位,进行精准营销,2012 年,公众平台开始推送品牌信息,内容更加细致,更有故事性和连贯性。此外,凯迪拉克更有专业的 App:官方 App、用户服务 App、CUE 教学软件 App 等,开展了全面的营销计划。

将各个平台更加专业地融合在一起,是未来微营销的发展方向,更高层次的融合要求媒介运用系统性架构更加复杂精密,根据不同媒介终端的平台特点和用户习惯,以不同的表达方式、角度、诉求、风格来呈现内容,以实现内容的有机结合。

第二节　微产品的结构和价值

一、微产品的结构

基于科特勒的产品层次理论,微产品的结构可以划分为本地、电商、个性、移动、社交五个层次。[①]

(一)本地

随着技术的发展,用户可以随时通过外部定位的方式获取自己的位置信息,这为

---

① 王虎:《电视的社会化生存》,102～110 页,青岛,青岛出版社,2016。

微产品服务人们的本地生活提供了技术条件。因此,服务本地生活可以作为微产品的一个潜在价值。微产品创作者通过对本地的人、事、物进行展示,提供了一个用户了解本地的途径,进而能够推动本地的经济发展和城市建设。例如,微视频制作者"济南吃喝玩乐团"在抖音平台上投放自己在济南探店的视频,推荐好吃、好玩的地方(见图3-3)。视频中附有店名链接,用户点开可以看到店家的基本信息,比如,位置信息、营业时间、联系方式。这种微视频可以将线上用户发展成线下的消费者,对于用户熟悉济南、更好地在济南生活具有重要意义。

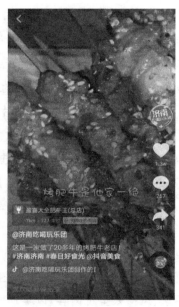

图3-3 "济南吃喝玩乐团"在抖音发布的一条探店短视频页面

图片来源:抖音截图

(二)电商

电商平台开发了微产品的营销价值,用户可以在观看微产品的同时通过点击出现的链接进行购物。这种方式将微产品所聚合的流量导向相应的电商平台,实现流量的变现。可以说,电商为微产品的流量变现提供了良好的途径。例如,许多淘宝商家都在抖音平台发布微视频,吸引用户观看,刺激用户购买。以"金大班"为例,它运营了7个抖音账号,每天都会发布一些微视频,内容看似是以小鹿、小鱼两闺蜜为主角进行场景演绎,实则是宣传服装,视频左下角有个购物车的小标志,点击即可将用户从抖音平台引入淘宝界面进行购买。(见图3-4、图3-5)

图 3-4　点击图 3-3 中的店名链接出现的页面

图片来源：抖音截图

图 3-5　"金大班的日常"（"金大班"抖音账号之一）抖音短视频页面

图片来源：抖音截图

（三）个性

个性代表的含义是个性化的内容服务。微产品要明确自己的产品定位和消费人群，根据消费人群的习惯和偏好并结合自身产品的特点进行创作。微产品的创作不能盲目跟风、制造千篇一律的内容，要有自己的特点，打造优质的个性化体验，通过满足用户的需求来增强用户黏性。

例如，江小白的目标群体是"80后""90后"，这两大人群都在感受着爱情、友情、青春、梦想所带来的美好与痛楚。因此，江小白的微文案创作始终围绕着他们的生活状态和心境。"喝酒与做人有一点相通，饮酒不贪多，做人亦如此""朋友，不能只待在朋友圈""但凡不能说透的东西，都需要靠酒来释怀""故事和酒越攒越多，相聚的人越来越少""不是戒不了酒，而是戒不了朋友""所谓老友就是，走得再远还是能回到这台酒桌"……这些微文案关于生活、关于友情，始终站在用户的角度替用户表达，句句戳中"80后""90后"这漂泊一代的孤独和困苦，是他们现实生活的真实写照（见图3-6）。而且这些微文案别出心裁地配有场景图片，用"江小白"代表一种情感，表达一种生活态度，给予用户新鲜感的同时，以一种朋友般的叮咛与用户沟通，抓住用户的心，进而赢得用户的喜爱和认可。

图 3-6　江小白微文案图片

图片来源：江小白官方微博

（四）移动

微产品是碎片化语境带来的一种产品形态，它必然符合碎片化时代下用户对产品的使用习惯，能够满足用户在碎片化的空白时间里的信息娱乐需求。随着互联网及移动设备的普及,手机、平板电脑等移动随身设备在民众生活中占据越来越重要的位置,民众对于信息的获取大多来源于此。因此,微产品应当考虑在移动终端的投放要适应移动平台上的需求,根据不同移动平台的特点,改造产品的"有形产品层",通过分发满足不同用户需求的内容将散落在不同平台的用户聚合起来。

(五)社交

微产品与移动社交平台具有多维互动,其传播活动与社交具有深层联系。互动的需求是产生社交的动因,微产品与用户之间的互动主要体现在内容的消费和反馈两个环节。

以微信小程序"跳一跳"为例,它支持单人、多人两种游戏模式。用户可以邀请好友进入游戏,进行轮流操作,坚持到最后的就是赢家。此外,用户还可以自由地选择游戏难度,查看自己在好友排行榜中的排名。用户在游戏完成后,可以对"跳一跳"进行转发、评论,这种行为在满足了用户参与、互动、分享乃至狂欢需求的同时,也为"跳一跳"进行了推广。可以说,关系网络与内容生产的深度融合、放大了微产品的影响力。

二、微产品的价值

碎片化语境下,微产品之所以能够快速发展,必然因其有着重要的价值。微产品的价值可归纳为三个维度:营销价值、情感价值及审美价值。

(一)营销价值

微产品作为一种产品形态,首先应当具有一般产品的共有价值,即它是为了企业的赢利所开发的,是企业整合营销体系的一部分。它必须服务于品牌,具有营销价值。

微产品的营销价值,主要体现在它可以积累用户、进行产品宣传。这有两层原因:一是微产品多存在于社交媒体上,其观看往往只需要一段碎片化时间,十分短小,符合当代用户获取信息的习惯;二是相较于其他营销手段,微产品完成周期短、成本低、执行简单,可以说是一种产出投入比较高的营销方式。

利用微产品进行营销的方式主要有两种。首先,企业可以直接入驻移动社交平台,在移动社交平台上进行微产品的创作,开展广告营销。其一方面,能够加强企业与用户之间的实时互动,高效宣传产品,增强用户黏性;另一方面,可以影响用户的消费偏好与行为。其次,企业可以在他人的微产品中巧妙地植入广告,将产品宣传融入故事,通过与用户产生情感共鸣,使得用户能够乐于评论甚至转发、分享。这能在潜移默化中加深用户对品牌产品的认知,满足其推广需求。

例如,2015年国产动漫《大圣归来》(见图3-7)在B站(blibili 哔哩哔哩)上传了名为《从前的我》的主题曲MV,该MV当日播放量达到20万。上传两天后,大圣归来的官微粉丝从此前的不足2万突增至6万。对影片的讨论和分享迅速占领各大社交平台,吸引到大量用户的注意力,引发用户关注。正如《大圣归来》的出品人路伟所表示的,切入B站做口碑是《大圣归来》走对的第一步。微产品能够帮你找到产品的种子用户,而这些对你的产品发自肺腑热爱的人具有巨大的能量,他们对产品的进一步推广起到至关重要的作用。因此,微产品的营销价值是巨大的,企业只有利用好微产品,才能实现更远大的商业目标。

图3-7　《大圣归来》宣传图

图片来源:《大圣归来》官方微博

(二)情感价值

微产品因其"微"的特点,使成品呈现时间或篇幅有限。因此,要想快速抓住用户注意力,必然需要具有情感价值,即能唤醒观众的共通情感,这是用户产生审美共鸣的有效保证。

新媒体环境下,用户不再喜爱传统的、生硬的广告文案,而对强调以亲近式内容输出的宣传方式喜爱有加。将产品的宣传融入一个故事、一个场景甚至一种文化氛围中,能够搭建产品与用户之间的情感桥梁,制造沉浸式沟通。具体而言,生活化的故事、接地气的表述都可以弱化产品的商业气息,成为产品与用户之间产生情感共鸣的纽带。

2016年,华为发布海外版宣传短片《Dream It Possible》,该片时长不足4分钟,讲述了一个怀揣钢琴梦想的小女孩在家人的陪伴与鼓励下，渡过追梦时的艰难时刻，最终成功的故事。这则宣传短片没有直接表现华为手机的各种强大功能，而是选取一个故事作为切入点，通过软性叙事，讲述音乐在一个音乐家庭的传承。这其实暗含着华为品牌的传承，塑造了华为手机陪伴与分享的品牌形象。故事结束，短片才出现字幕"Presented by Huawei"，这时候观众还沉浸在故事所引发的情感共鸣中，淡化了产品的商业色彩，为华为品牌塑造了浓厚的人文气息。另外，短片虽然讲述的是钢琴女孩的故事，但从故事中用户能够看到自己的影子。我们都或走过、或正走在追求梦想的路上，孤身在外的无助和对家人的思念是我们共同的情感。可以说，这则宣传短片是献给所有拥有梦想、追逐梦想的人的。它通过与用户在情感上的沟通，将华为手机的品牌形象凸显得特别温暖，利于用户在观看中对华为的品牌形象有更深层次的理解与认同。

（三）审美价值

消费文化盛行的时代，人们对于一件产品的消费已不再是简单的符号消费，而是上升到对审美的消费。微产品能够迎合用户的情感需要，具有唤起用户审美感知、审美教育和审美娱乐的审美价值，以满足用户感官享受的需求和对新鲜事物的渴望。微产品的审美价值可以分为两层：一层是内容方面的审美价值，一层是视听方面的审美价值。

微产品在内容方面一般以简洁而又求异创新的方式表达一种积极健康的审美趣味，从各种题材中挖掘用户的兴趣点，让用户能够在短暂的时间内感受到日常生活的美学。

在视听方面，微产品可以给用户一场华美的视听盛宴。现在许多平台在为用户制作微视频提供滤镜、音乐等素材的同时，也提供快速剪辑与特效通道等视频编辑功能，这正是因为微产品也讲究光、色、构图、镜头、音乐等视听语言的运用。可以说，微产品视听层次的审美价值表现在它能够秉承一定的审美格调，通过运用多元的表现形式和视听元素进行精良制作，让用户享受"趣"的同时，带给用户美的感受。

第三节　微产品的设计原则

微产品是现在谈到产品时必须要聊的话题，微产品之所以火热也是因为相对其他产品而言它有很多优点，如更加灵活、更具有互动性以及更能适应现代需求快速变更的大环境。本节将着重介绍以及分析微产品的设计原则，揭示微产品设计人员在设计阶段应依循怎样的规则,才能适应不断变化的外部环境,更好地满足受众。

一、移动为先

全球领先的移动应用和数据分析平台 App Annie 发布的《移动市场报告》在洞察了全球移动应用市场动态之后,对 2019 年移动应用经济的发展趋势作出了预测。统计数据显示,2018 年全球移动应用下载量达到 1940 亿次,全球应用商店用户支出达 1010 亿美元。用户平均每天都要在移动设备上花费 3 小时的时间,"95 后"用户相对于年长用户对非游戏 App 的参与度也提升了 30%。以移动平台为核心业务的公司 IPO 估值(美元)高于平均估值 360%。据估计,2018 年全球上网人数超过了 50%(39 亿人),全球移动设备拥有量超过 40 亿台(包括平板电脑和手机)。[1]

在这样的大形势下,"移动为先"成为微产品必须要重视和遵循的原则。这要求微产品在设计与分发过程中需要先借助合适的平台,将移动设备作为主要的互联网接入点。但这并非是指简单地将移动平台作为产品的投放地,"移动为先"更代表了一种思维方式:在平台、产品形式、结构等多方面的升级。

在平台方面,微产品不应仅仅把眼光局限在搭建自己的移动客户端,更应当注重市场中平台之间的联系与合作。虽然一个优质客户端的存在是倡导移动为先的重要前提,但在目前激烈的移动 App 市场竞争中,由于同质化平台的大量存在,致使单一客户端的开发将使微产品在市场卖点、用户黏性方面都具有一定的弱势。同时,单一客户端所拥有的用户群体毕竟有限,只有不同平台之间相互联系才能有更好的效果。这就要求微产品的分发要整合多种平台提升内容传播效果,不能因为害怕利益流失,而将其他分发平台拒之门外。例如,在对北京字节跳动科技有限公司获得 NBA 官方报道权这次微营销中,抖音与今日头条、西瓜视频相互联系,三方都为 NBA 中的巨星、球队等开通官方账号,并在每个选手的赛事之后营销发力。此外,三方根据各自不同的特点,选择了适合自己的独特营销方式。在今日头条上发布赛事信息、赛前分析、赛后总结等吸引用户前来关注;在抖音上发布 NBA 相关的特色短视频,吸引用户前来互动;在西瓜视频上发布篮球真人秀、体育专栏节目等。通过不同分发渠道覆盖多元兴趣人群,这种微营销案例的成功是背后三方移动平台强强联合才能实现的。

在产品形式上,"以少代多",强调快节奏的叙事模式。短视频是微产品提倡移动

---

[1] App Annie. *The State of Mobile 2019*, 2019.

图 3-8　字节跳动公司与 NBA 合作的旗下产品

图片来源：新闻截图

化、"以少代多"的最佳代表。移动化意味着微产品可以在任何时间满足用户需求，同时还要在碎片化的时间中，为用户提供大量内容。这种对微产品的要求催生了传播形式上短视频的兴起。短视频的"短"更多体现在时长较短，而不是信息量少。短视频擅长以最快的叙事节奏聚焦主题，在几秒内产生一个抓住观众眼球的视觉亮点，产生共鸣，以此形成视觉高潮。例如，苏州大禹网络科技有限公司所打造的"一禅小和尚"动画，手机屏幕里这个圆脸大眼睛的小和尚说出的略带稚气却又包含哲理的话语引发了众多网友的共鸣。"一禅小和尚"也因此在抖音爆红，上线不到一年圈粉 3890多万。[①] 这其中的核心也是"以少代多"，在短短几分钟当中，动画以最快的叙事节奏，抓住当下的爱情、生活、人生等热门话题，诉诸情感，与观众产生共鸣。微产品所要追求的便是使用全新的视角和叙事模式，让用户有所触动。所以在微产品的设计当中，如何理解与应用"以少代多"这一原则，是微产品满足移动化的重要探索方向。

图 3-9　网红产品"一禅小和尚"

图片来源：抖音海报

---

① 中国江苏网：《坐拥 3890 万粉丝 网红"一禅小和尚"原来是苏州人》，新浪看点，2018-08-15，http://k.sina.com.cn/article_2056346650_7a915c1a02000kk9y.html？cre＝tianyi&mod＝pcpager_fintoutiao&loc＝26&r＝9&doct＝0&rfunc＝100&tj＝none&tr＝9。

在产品结构方面,移动化为微产品结构的延伸提供了更多思路。微产品结构的延伸,是为了能够让内容、社交、服务等各类功能形成相互支持,有机地结合到一个整体当中,为微产品的内容提供更多的支撑。以社交元素为例,人际关系网络是微产品传播的重要基础。移动化原则的实现,必须借助内容与社交这两者的结合。移动化意味着微产品要在关注内容的同时,跳出内容这个圈,在产品中添加社交元素,提高用户黏性,让用户成为渠道,使社交成为内容的生产与传播动力。因此,社交化是一个长期的策略,而不是权宜之计。目前微产品的社交化主要还是借助"两微",即微博、微信,但这只是迈出了社交化的第一步。微产品的社交化元素应当包括社交化传播、社交化生产、社交化运营三个层面。这三个层面的应用,都是对用户潜力的再挖掘。例如,2019 年 1 月,抖音推出独立社交产品"多闪"主打视频社交。"多闪"作为一款基于短视频的社交产品,最突出的元素便是视频拍摄与分享,这一设计的初衷,就是希望用户能够在内容传播的过程中借助社交元素更多使用视频进行交流。微产品社交化的主要目标就是对移动化媒体用户进行深度发掘,让用户成为内容的主要生产力和产品传播的主要渠道,以此拓展产品的品牌影响力,丰富赢利模式。

图 3-10　注重视频社交的多闪

图片来源:新闻截图

二、以互动为核心

1960 年主持互联网前身的阿帕网建设者利克里德尔在其发表的《人机共生》中预言:"用不了多少年,在未来人脑和电脑将紧密地联系在一起,人可以借助机器实现交流互动。"[1]预言在当前确实实现了,这充分显露出当今互联网显著的互动性特征。

在当前新媒体的大环境下,媒体生态、传播格局、受众喜好等都在发生深刻变化。而微产品体量小、内容丰富的特点,能够适应当前用户碎片化的需求,符合互联网时代受众的消费习惯。更重要的是,它自身具有独特的互动特性。此互动性为微产品创造了更多的价值,同时也为企业与开发者提供了更大的赢利空间。

互动的价值表现在产品上,首先,强化了产品形象、加深了用户记忆。在这个时代,受众对于信息的获取和产品的选择有很大的自主权,仅仅凭借叙述打动用户所需要的成本越来越高,微产品交互功能的重要性得以显著体现。因为交互的设置,用户在接触到微产品时,乐于接受按照产品设计好的路线积极参与其中,有利于增强微产品的传播效果,实现有效传播。例如,2018 年 3 月,大众网围绕习近平总书记参加山东代表团审议时发表的重要讲话,开发了一款《大众网邀您读讲话》的音频互动类H5 产品,采用邀请用户模仿总书记讲话内容的形式进行互动。[2] 此外这款微产品还包括录音上传、分享转发和获取积分的功能并支持与朋友的模仿进行 PK。以往,政务类产品因为其特殊性往往较难吸引用户而无法达到好的传播效果,但这款微产品在推出后迅速火爆,有超过 1 000 万人次参与其中。究其原因,互动性与趣味性的存在使用户乐于参与和分享,实现了接力式传递。在这种听、学、读的过程中,用户对内容有了更加深刻的印象。其次,互动的价值还体现在用户与产品之间的联系上,互动的存在实现了用户身份的转化,使微产品的使用者从受众变为用户,他们不再是单一的信息接收者,同时还扮演着微产品的传播者角色,或以设计者的身份参与微产品的内容生成。微产品的设计及服务应当是在迎合消费者需求的前提下,才能实现自己的赢利、宣传等目的。在这样的前提下,用户占据主体地位,通过互动参与到产品的设计与传播中,才更有利于微产品站在受众的角度思考问题。以目前中国最大的年轻人潮流文化社区哔哩哔哩弹幕视频网为例,与视频内容相比,其弹幕也可以看作是一种微产品,B 站的弹幕成功构建了一种跨屏模式,即实现了单屏到多屏的跨屏营销,同时,这种低门槛的弹幕参与机制在无形之中将用户组成了社群,增强了用户黏性。更为重要的是,带有用户情感的弹幕构成了视频内容的重要部分,它使用户不再是微产品的旁观者,用户借助弹幕参与到了内容的生产过程当中。

① J. C. R. Licklider. *Man-Computer Symbiosis*,1960.
② 张瑞祯、陈月军:《创新互动+工匠精神铸造融媒体产品——以大众网两会报道为例谈爆款融媒产品打造》,载《新闻战线》,2018(9),39~40 页。

图 3-11　引领中国弹幕风潮的 bilibili 视频网站

图片来源：百度百科

三、流量变现

当前媒体产品商业化最主要的赢利模式一般有两种：直接赢利模式和间接赢利模式。直接赢利模式是通过借助热点话题，以在产品中投放广告的形式来实现内容赢利；间接赢利模式通过内容引起用户注意，以获得更多的社会关注度与流量，形成粉丝群体，进而利用社交媒体等传播平台进行传播销售，这是将内容变现的一种赢利模式。

著名技术活动家克莱·约翰逊在《信息食谱》中谈到美国收视率最高的新闻台福克斯新闻(Fox News)利用大数据分析并生成人们感兴趣的新闻话题时提到："注意力是一种可以贩卖的产品——媒体的本性就是收割你的注意力，全世界的媒体都一样。"[①]由此可见，间接的赢利模式已经成为媒体产品赢利的主要模式，也是最有效的模式。而微产品因其自身的形式独特、发展刚刚起步等因素，各类微产品在发展过程中创新了流量变现的模式，使其变得更加灵活。

"信息输出"是最具代表性的流量变现模式，也是微产品等互联网媒体产品与生俱来的赢利模式，即利用自媒体等新兴媒体作为商业传播的载体，通过这个载体，将文章、经验、知识等优质内容分享出去，利用内容拉住用户。这个模式中，用户对微产品内容的满意与否将决定产品的收益多少。例如，2013 年网易云阅读通过优质文章的输出，以产品收获流量；接下来网易推出了支持用户对文章进行评价的系统，使企业能够对微产品的变现模式进行监控，同时，完善了流量变现的模式，支持用户对文章进行点赞及打赏，在打赏与广告收入的配合下，实现了以信息输出为主要手段的流量变现(见图 3-12)。这一功能在很大程度上刺激了微产品内容生成者的创作激情，这种依靠内容吸引用户、产品收获利润、再度激励内容生成者的良性循环模式是流量

---

① Clay Johnson. *The Information Diet*, 2012.

变现得以实现的关键所在。

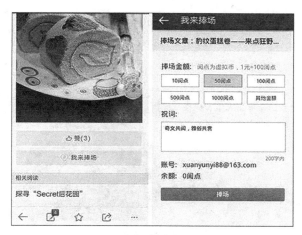

图 3-12 网易云阅读的打赏功能

图片来源：百度百科

微产品流量变现的另一种模式，是以"服务输出"为主。"未来的品牌没有粉丝迟早会死。"[1]正如罗辑思维创始人罗振宇所言，在资讯时代，谁能引起更多的关注，谁就有机会创造更大的商机。微产品以庞大的粉丝量为基础，通过为用户提供优质服务，实现流量和内容的双重变现。在这类流量变现过程中，微产品首先会通过提供优质的服务和内容吸引受众，但与第一种模式略有不同，服务和内容并不直接赢利，而是作为一种形成用户群体的手段，在这之后通过微产品内容的衍生物实现商业价值。例如，罗振宇团队出品的"得到"App，通过帮助用户读书的形式，为其提供"节省时间的高效知识服务"，一经推出便登上 App Store 中国大陆图书类畅销榜第一名。这种模式首先通过提供优质服务聚拢了用户，之后利用产生的公众效应向用户出售节目当中的书籍、向媒体平台出售节目版权，完成流量变现。同时，伴随着知识经济的不断发展，这类微产品的变现模式也在不断发展。对于一些更具含金量的服务和内容，微产品会采用"会员注册""会员收费"的形式进行变现，这种付费知识的变现模式能够选择出忠诚度更高的用户，随之而来的产品变现能力也就越来越强。例如，罗振宇的另一个主打节目《罗辑思维》走的便是这条路线，通过在"得到"以及"喜马拉雅FM"上售卖更优质的服务对用户进行二次甄别，选择核心用户，这些核心用户的存在将更有利于内容变现，获得更大的利润。但无论是借助服务售卖衍生品还是会员

---

① 罗振宇：《未来的品牌没有粉丝迟早会死》，载《市场报》，2013-12-03。

收费制度,二者都是以提供服务为基础,获取关注与流量,进而完成流量变现的商业模式。

图 3-13　罗振宇与他的"得到"App

图片来源:"得到"App 官方海报

第四章

栏目类产品的设计与创作

第一节 栏目的分类与内容

一、栏目的分类

按照播出方式,当代电视栏目主要分为常态栏目和季播栏目两类。

常态栏目的播出频次为日播和周播,播出周期一般为一年。因此,常态栏目一般是 365 期或 52 期,每期的时长在 30～60 分钟。季播栏目的播出频次为周播,播出周期一般为一个季度,每季一般为 12 期,每期时长在 60～90 分钟。

网络栏目跟电视栏目在播出方式上基本相同,但是在时间上更为灵活,有些常态网络栏目的播出时间只有 15～20 分钟。更多的网络栏目会被归为网络短视频或长视频,网络季播栏目的播出方式与电视季播栏目并没有太大的差别。因此,"栏目"一般指电视栏目。

二、栏目的内容

常态栏目的内容包括新闻、娱乐、文化三大类,涉及音乐、舞蹈、体育、生活服务、信息咨询等多个领域。播出时间贯穿周一至周日,但主要集中在周间播出,只有娱乐性或生活服务类极强的栏目才会在周末晚间播出。

新闻是常态栏目中的典型代表,也是最重要的日播栏目,新闻栏目是观众获取国内外信息的重要途径,所以往往会在每天特定的整点时段多次播放。比如,早 7 点,中午 12 点,下午 6 点、7 点,晚 10 点等。每天晚上 7 点准时开播的 CCTV1《新闻联播》属于日播新闻栏目的代表。"娱乐新闻""体育新闻""地方新闻"等各种专题内容的新闻栏目也在不同的平台和时段多次播出。新闻栏目的最大特点就是时效性、真实性和权威性。但随着新媒体的发展,大众获取信息的路径越来越多。新媒体即时传播的优势,以及人人都可以成为新闻纪录人的特点,导致电视新闻栏目的时效性开始让位于新媒体,但是新闻栏目的真实性和权威性,依然是吸引受众的重要看点。即便是在"娱乐成风"、真人秀节目大行其道的当下,"新闻立台"依然是电视台坚持、不放弃的一个栏目设计原则。

　　除新闻栏目外,生活服务类栏目是常态栏目的另一个代表。尤其在各卫视的地面频道,生活服务类栏目几乎覆盖生活的各个方面,包括生活资讯、生活妙招、生活帮扶等。生活资讯主要出于便民服务的目的,为居民提供交通、食宿、缴纳水电费等生活方面必需的信息,一般是以生活类新闻的方式呈现;生活妙招侧重于为观众提供生活中某些领域的创意设计,比如北京生活频道的《快乐生活一点通》;生活帮扶主要是帮助民众解决生活中遇到的一些现实问题,比如邻里纠纷、情感纠葛等,如北京生活频道的《选择》是一档老年人相亲栏目,以帮助老年人解决情感问题为目标;齐鲁频道的《生活帮》和安徽经视频道的《帮女郎》都是由栏目组打造的“帮扶团队”,深入百姓生活,解决百姓的具体矛盾和困难。生活服务类栏目在新媒体平台很少以栏目的方式呈现,基本以创意短视频的方式呈现,时长在1~15分钟不等。

　　常态节目在晚间播出的类型比较丰富。除生活服务类节目外,美食类、相亲类、答题类都有涉及,而且娱乐性相对较强。中国电视播出平台较多,除了卫视频道之外,每个卫视频道下属多个专业频道,包括影视、生活、体育、文艺等;每个地面频道播出的栏目往往会跟频道属性相对应。地面频道的覆盖范围只限于本省,因此地面频道的栏目具有极强的地域性,甚至使用方言播报。中央电视台又分为新闻频道、综合频道、社会与法、体育、音乐等频道,所有频道和卫视频道一样覆盖全国。因此中央电视台各频道对应的栏目,虽然有专业属性,但也按照全国通行的栏目设计方法呈现。比如,CCTV5曾经在每周一晚上8点播出的《天下足球》和每周四晚上8点播出的《足球之夜》,属于周播体育类栏目的代表;CCTV1曾经播出的《综艺大观》《曲苑杂坛》,是早期综艺栏目的典范;目前仍然播出的《正大综艺》是播出超过20年的老牌栏目;CCTV3曾经播出的《同一首歌》、CCTV4的《中华情》也是影响力巨大的周播栏目;CCTV2每周日晚9点播出的《对话》则属于文化类栏目代表。其他卫视中,江苏卫视每周六晚上9点播出的《非诚勿扰》属于周播相亲类栏目代表;湖南卫视每周六晚上8点播出的《快乐大本营》,则属于周播游戏类栏目;北京卫视的《大戏看北京》、山东卫视的《花漾剧客厅》属于电视剧推介类栏目。

　　除晚上播出外,常态栏目也和电视剧、赛事转播(直播)一起填充各电视台的日间时段。像《东方时空》《朝闻天下》等日播新闻类栏目,还有像CCTV7《谁是终极英雄》这种军事类栏目;而北京卫视每天下午5点播出的《养生堂》,属于日播生活服务类栏目的代表,更是白天时段高收视率的代表栏目。但是白天播出的栏目大多数属于晚间栏目的重播。

　　季播栏目的内容主要集中在娱乐和文化两大类,涉及音乐、舞蹈、体育、生活服务、科学、教育等各领域,因为处在黄金播出时间段,往往会集中台里的优势资源,节目的水准和品质要高于日播和周播栏目,且有明星的加入,会吸引更多的观众观看,收视率也要明显高于日播和周播栏目。因此播出时间一般会放置在周五、周六、周日晚上。比如浙江卫视的《中国好声音》、湖南卫视的《歌手》、东方卫视的《新舞林大会》,属于知名度较高的音乐舞蹈节目;浙江卫视的《奔跑吧》、东方卫视的《极限挑战》属于户外任务式真人秀;江苏卫视的《我们相爱吧》,属于户外婚恋类真人秀;CCTV1播出的《经典咏流传》《加油向未来》《中国诗词大会》,则属于文化、科学类季播节目的典型代表。季播节目除非重播,首播一般不会出现在白天时段。

第二节　栏目的设计

常态节目由于播出频次快、播出周期长,因此,除新闻采用直播形式外,其他节目基本采取集中录制的方式,一次录制多集,这就是绝大多数常态节目都是在演播室内完成的原因。季播栏目由于只制作播出 12 集,投入比较多,可以在 3 个月的时间内通过组合最优质的制作元素形成比常态节目更好的效果。因此,季播节目往往会走出演播室,制作成户外节目。演播室和户外两种不同的栏目表现空间,决定了栏目制作方式也存在异同。

一、人物和流程的设计

人物和流程(规则)的设定,是演播室和户外栏目设计的共同元素。人物设定包括主持人的数量、功能,嘉宾的数量、关系、功能,栏目表演者的人数、功能、关系等。流程设定,即在规定时间内,节目播出的顺序、内容和环节是什么。

一般来说,演播室栏目会设有固定的主持人来掌控流程;再根据栏目的内容定位邀请参演者,设定固定的嘉宾以观察者或评论者的身份参与栏目内容。如果是才艺类栏目,比如《妈妈咪呀》,栏目定位是为所有怀揣梦想的妈妈们提供一个展示的舞台,那么参加节目的选手都是多才多艺的妈妈们;而嘉宾则是歌手或者演员,能够从专业角度点评每位选手的表现。相亲类栏目,比如《非诚勿扰》,所有的参与者都是未婚男女,为了凸显节目的看点,选手的职业、年龄和个人家庭都有明显的差异,这样在对话中才能形成碰撞;而固定嘉宾则是拥有心理学知识背景的专家,能够根据每个选手的选择与表现,透析其背后的心理活动,并将这种心理活动上升到整个群体的共同性。

户外节目一般不设固定主持人，但会在参演选手中确定承担主持功能的选手，以保证节目的流程顺利推进。比如《奔跑吧》，邓超作为所有选手的队长，实际上承担了栏目主持人的功能。有的栏目还会以导演出镜或者出声的方式推动流程。比如，《极限挑战》的总导演会以发布任务的方式告知观众下一阶段的内容。户外栏目如果设定嘉宾，会直接参与到任务中去，而不像演播室栏目只是作为观察者或者评论者的形象存在。《奔跑吧》除了邓超、李晨等固定的选手外，每期也会邀请客串嘉宾出现一集。钟汉良、黄渤都曾在栏目中出现，他们的任务是和其他选手一起参与游戏，并进行最后的"撕名牌"对战，始终存在于节目的内容中。如果说户外游戏类节目的嘉宾设定其实只是替换选手、增加栏目新鲜感，那么专业技能类户外栏目的嘉宾，则往往承担教练的角色。比如北京卫视的《跨界冰雪王》，申雪、赵宏博作为嘉宾出现的目的，就是帮助所有选手提升冰上滑冰的技能；东方卫视的《星球者联盟》邀请科比加入，浙江卫视的《这就是灌篮》邀请郭艾伦、林书豪加入，同样也是为了提升选手的篮球技能，以体现栏目的专业性。

流程的设定是演播室和户外栏目的另一共同性。任何一个栏目都要有一个基本的环节设置，每一集都要有完整的架构。竞赛类的栏目，要有明确的规则和竞赛环节。比如北京卫视的《我是演说家》，作为一档演讲比拼类节目，每一季都会有不同的规则设定。第五季是三位领队带领各自的选手争夺总冠军。节目共分为三个阶段，第一个阶段三方对战，即三位领队各自派出一位队员进行一对一演讲对战，两人演讲结束后由现场观众打分决定胜利者，胜利者将进入下一阶段的比赛。《中国好声音》作为一档音乐类的节目，是由四位导师通过海选完成组队，再争夺最终的总冠军。在第一阶段海选阶段，导师以背对选手盲听的方式选择队员，如果被队员打动，即按下按钮面对选手，当出现多位导师转身的情况时，选手具有反选权，如果没有导师转身，则意味着该选手被淘汰。非竞赛类的栏目也需要建立起一个完整的流程。比如CCTV1播出的《经典咏流传》，作为一档将古典诗词借助流行音乐重新传唱的节目，节目本身没有任何的竞技性，但是在流程中通过强化仪式感，依然能够吸引观众的持续关注：节目开场由文化学者诵读原诗词—通过小片呈现受委托的歌手谈对诗歌的理解，以及找到与自己合作的团队共同排练—再回到演播室演唱内容改编后的歌曲—现场互动歌曲创作的幕后故事—文化学者升华诗词意味的现代传播价值。

户外栏目同样也要有完整的流程，比如江苏卫视的《重量级改变》是一档减肥类节目，在每一集中设定固定流程和任务流程。固定流程即每天早上的称重、测尿酮、吃营养餐等；任务流程则是将选手的减肥划分成习惯改变、饮食改变、心理改变等多个阶段。每个阶段针对改变的主题设置出游戏化的体验任务。比如,饮食改变这一集设定了两个环节:环节1——选手需要分成三组,分别前往某高校的三个食堂,挑选他们认为低热量、高营养的食物,最终由营养专家评定谁的食物最健康;环节2——选手分成两组,以接力的方式翻越草垛,从气泡池中找到食物卡,并放置在对应的营养转盘中,最终由营养专家评定对错。如此一来,在饮食改变这一集中,完整流程即为:选手晨起称重、测尿酮、吃营养餐——体验任务1;翻草垛、配营养——体验任务2;食堂挑选食物——一天的减重体验讲述。即便是近年来兴起的"慢综艺",虽然去除了强对抗和强任务,用记录的方式呈现节目中的人物一天的正常作息,但是依然由基本流程支撑起每一期栏目的内容。比如,湖南卫视的《中餐厅》《向往的生活》,看似只有日常生活、吃喝睡玩,同样也要根据"经营"和"招待"的栏目核心,设置出购买原材料、制作美食的基本流程。

此外,演播室栏目更要考虑舞美元素的使用,以带给观众视觉方面的冲击。一些新的视觉技术也被电视节目所采纳。比如,湖南卫视《我是未来》对AR技术的使用,在科学技术成果展示的时候能够营造出未来的即视感;而北京卫视的《跨界歌王》则在歌手演唱的时候采用全息投影技术,将歌曲的意境和舞美的营造融为一体,具有极强的观看代入感。CCTV1的《加油向未来》和《欢乐中国人》则通过新媒体技术的运用,强化了电视节目与观众之间的关联。《加油向未来》还开发出同步答题的小程序,让观众能够边看节目边答题;《欢乐中国人》以扫描二维码的方式,推动节目内容的新媒体传播,从而将栏目从纯粹的观赏产品,提升为可以传播的产品。

户外栏目更要考虑任务的设置,通过悬念的强化吸引观众持续观看。一般来说,户外栏目会有一个全季的总任务和单集的大任务。比如,浙江卫视的《奔跑吧》每期都会保留"撕名牌"这个固定环节,以对抗的方式强化谁能最后保住名牌的悬念,这一悬念又往往和这一集的大任务相结合。而在此之前,节目组会"因地制宜",根据环境的地形、市场、商铺等实体,相应地设计各种游戏对抗,以每一个环节的输赢和参演者的个性呈现吸引观众。湖南卫视的《花儿与少年》、东方卫视的《花样姐姐》,则以"穷游"概念贯穿始终,形成如何在有限资金的情况下,完成生存任务的总体悬念,同时又根据所在地的文化、旅游等元素,设计出体验和挑战的各个环节。

二、体育类栏目的设计思路

体育类栏目主要集中在CCTV5和各卫视的体育频道上。除了新闻、赛事直播外,还有《篮球公园》《足球之夜》《五星夜话》等专业类体育栏目,达到信息传播、教育教学的目的。专业的体育项目类栏目在其他播出平台上出现较少,而且大多经过了娱乐化处理。比如,浙江卫视和优酷同播的《这就是灌篮》,以篮球作为表现内容,并邀请郭艾伦、林书豪两位专业运动员参与;以冰球为主题的《大冰小将》,则以明星邀请专业运动员帮助小运动员成长为主要内容;《来吧冠军》是将不同的运动项目放置在一档节目中,以专业运动员和明星对抗的方式呈现,为了增加节目的效果,节目组会给专业运动员设置各种比赛障碍。东方卫视曾播出的《星球者联盟》邀请到科比参加;《最高档》是一档专业的赛车类节目,广东卫视的《足球火》、天津卫视的《中国足球梦》都是以足球作为表现主题的节目,也邀请到郝海东等足球明星的加盟。除体育类节目之外,体育元素在其他栏目中的运用也比较多。体育元素往往会跟竞技、体能等对抗性的项目相结合,比如,江苏卫视的《非凡搭档》、深圳卫视的《极速前进》、浙江卫视的《奔跑吧》、东方卫视的《极限挑战》都是把体育元素或者部分体育项目改造成栏目中需要参与者挑战的环节。因此,体育类栏目的设计有以下几个方向。

(一)体育项目运动的极致呈现

内容:围绕一个或几个体育项目设计出强对抗性栏目

方式:以个人或者组队方式完成竞赛式任务

空间:演播室或户外

1. 案例 1:共通类体育项目的综合呈现设计

表 4-1　体育竞技类节目 *Revolution* 节目信息

节目原名	Revolution	节目类型	体育竞技类节目
节目时长	60 分钟	播出时间	18:3—19:30
播出平台	Sky1 英国	首播时间	2018 年 4 月 1 日
播出方式	周日/周播	制作发行公司	Sky Vision

(1)节目概述

这是一档体育项目的竞技类节目,包括滑板、轮滑和自行车越野 3 个项目。每期每个项目有 6 位选手参与,通过 5 轮不同内容的比拼,最终 18 人中仅有 1 位选手可成功进入终极决赛。整季节目共 8 期,前 7 期为争夺战,最后一期为总决战,每期中成为决赛人选的选手可进入下一期继续争夺。

图 4-1　节目 *Revolution* 舞美

图片来源：视频截屏

图 4-2　节目 *Revolution* 舞台上不同赛道、DJ、观众聚集区设计

图片来源：视频截屏

（2）人员设置

主持人：3 位，2 位主场主持人，1 位选手区主持人

解说 & DJ：2 位，负责比赛的流程及解说

选手：18 位，轮滑、滑板和自行车各 6 位

现场观众：若干

（3）节目流程

第一轮：初选赛

每组 6 位选手进行比赛，按指定赛道前进，前 4 位到达终点的选手进入下一轮，后 2 位选手本期淘汰，继续下期挑战。3 组依次进行。

第二轮：反应赛

每组 4 位选手进行比赛，进入指定赛区。本轮赛区共分 5 个等级，每个等级内有不同的障碍阻拦，按完成度及用时评判，前 3 位选手进入下一轮，最后 1 位本期淘汰，继续下期挑战。3 组依次进行。

第三轮：旋风赛

剩余 9 位选手分为 3 组，每组包括 1 名滑板手、轮滑手和 1 名自行车手，分别为蓝、红、绿 3 队。本轮指定赛区内有 6 个目标点，3 个队伍须触碰目标点则变为自身队伍颜色，自行车、滑板、轮滑运动员依次出场 2 次，最终积攒点数多的前 2 组获胜，剩余 1 组本期淘汰，继续下期挑战。

第四轮：冲刺赛

滑板组、轮滑组、自行车组依次进行限高挑战，不断升高的过程中，2 人中决出 1 人进入总决赛。

第五轮：夺位赛

指定赛道，比拼速度，速度最高者获胜进入总决赛。

（4）节目借鉴

将当下流行的轮滑、滑板以及自行车越野 3 种形式进行了很好的结合，赛道设计独特，赛制设计合理，氛围打造恰当。国内网络综艺市场在尝试了说唱、街舞、机器人等题材后，可以尝试流行体育项目的竞技主题，作为下一个创新方向。

2. 案例 2：单个项目的极致呈现

表 4-2　体育竞技类节目 *Big Bounce Die Trampolin Show* 节目信息

节目原名	Big Bounce Die Trampolin Show	节目类型	体育竞技类节目
节目时长	120 分钟	播出时间	周五 20：15
播出平台	Sky1 英国	首播时间	2018 年 1 月 26 日
制作发行公司	德国 RTL		

（1）节目概述

这是一档围绕"蹦床"设计的竞赛类节目。年龄在 10～55 岁（经过高度训练的运动员、士兵、消防员等）的候选人，通过蹦床跨越障碍完成闯关，最终第一名可以得到 10 万欧元的现金奖励。

（2）节目流程

第一场：1V1 对战

2名候选人同时跳跃面前的蹦床,最先到达终点的人胜出,另一个则淘汰出局。蹦床按照不规则方式摆放,选手必须依次跳过,如果跳出蹦床或者跳过,必须回到原点重新开始。

第二场:单人计时比赛

蹦床改成圆柱形。节目组首先通过灯光打出依次的跳跃顺序,随后选手要根据记忆依次跳跃灯光曾照射到的圆柱蹦床。闯关成功者并时间最短的前8位候选人进入下一轮比赛。

图 4-3　节目 *Big Bounce Die Trampolin Show* 舞美

图片来源:视频截屏

图 4-4　节目 *Big Bounce Die Trampolin Show* 舞美

图片来源:视频截屏

(3)节目借鉴

竞技性:十分考验选手的身体素质,平衡感、弹跳力、技巧性都是必不可少的。每期分为两场比赛,即PK赛以及个人赛,最终决出8强。

娱乐性：选手是否能够闯关成功，并且以第一名的成绩迅速到达目标位置成为节目的最大看点。此外，场内两位主持人还充当解说员的作用，在每个选手进行闯关的时候都会进行激烈的解说，增加了节目的娱乐性。

3. 案例 3：多个项目的极致呈现

表 4-3　体育竞技类节目 *Atleterna* 节目信息

节目原名	Atleterna	节目类型	体育竞技类节目
节目时长	60 分钟	播出方式	季播（共 10 期）
播出地区	瑞典 SVT 电视台	首播时间	2014 年 8 月 23 日
发行公司	Fremantlemedia		

（1）节目概述

24 名运动爱好者集结在运动村，同吃同住同训练。按照男女搭配，分成 12 组，每周比拼 3 个不同的体育项目，每期积分，9 期过后积分排名前 6 的选手组进入总决赛。

图 4-5　*Atleterna* 节目中的比赛项目

图片来源：视频截屏

（2）节目流程

第一期：女选手抽签选搭档

第一轮比赛：60 米跑步，第 1～7 名安全晋级，第 8～12 名（后 5 组）参加第 2 轮；安全晋级最后 1 名和参加第 2 轮的第 1 名最后公布分数。

第二轮比赛：攀岩，第 1～3 名安全晋级、第 4～5 名（后 2 组）参加第三轮。

第三轮比赛：射箭（第二轮第 1 名选择第三轮比赛项目）输的组淘汰，每个比赛开始前有热身，每轮之间休息 1 天或者半天。

......

第十期：3组进入决赛

第一轮比赛：选手比3个项目淘汰一组，每个项目进行排名，第1名得3分，第2名得2分，三个项目比赛结束后得分相加，分数最少的淘汰。

第二轮比赛：两个项目选出冠亚军。

（二）体育项目的游戏化呈现

内容：围绕一个或几个体育项目设计出游戏化、娱乐化栏目

方式：以业余对抗专业、业余体验专业等非对称性方式设计

空间：演播室或户外

1. 案例1：业余与专业选手对抗类

表4-4　体育游戏类节目《止まれば終わり》节目信息

节目原名	止まれば終わり（综艺节目《Sunvalue》中节目主题之一）	节目类型	体育游戏类
节目时长	60分钟	播出时间	周日13：15—14：15
播出平台	日本电视台	首播时间	2016年3月27日

（1）节目概述

这是一档户外自行车竞技的挑战类真人秀节目。8位演艺人员通过3个关卡的挑战，在脚不落地的状态下冲过终点算作挑战成功。到达人数越多，奖金则越多，需要选手们相互配合。该节目以业余对抗专业为看点，通过障碍设计，增加专业运动员的获胜难度，从而增加节目的悬念。

（2）挑战场地

高低差距100m，下坡的最大坡度12％，为日本屈指可数的高难度环状赛道。挑战过程中，参赛者脚不可以落地，根据到达终点的人数决定奖金，人越多奖金越多。

图4-6　静冈县的《自行车之国自行车体育中心》的5km环状赛道

图片来源：视频截屏

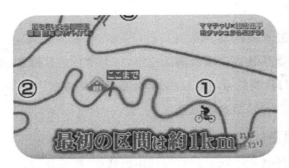

图 4-7   静冈县的《自行车之国自行车体育中心》的 5km 环状赛道

图片来源：视频截屏

（3）人物设定

2 位主持人、8 位参赛选手、若干专业运动员。

（4）节目流程

第一关：

选手前方行驶的卡车上搭载最大风速为 40m/s 的大型吹风机，选手们顶风去按吹风机前的红色按钮，按到按钮者算通过，规定时间 15 分钟，规定时间内没完成的选手被淘汰。

第二关：

选手身背 36 个油桶（每个约重 1.2kg）骑行 5km，每人分担的数量自行讨论决定，休息期间脚同样不可落地。其间，选手后方会出现专业运动员，以上坡时 10km、下坡时 20km 的速度追逐选手，追到选手时，会往脸上喷粉末，被喷到粉末的选手被淘汰。

第三关：

规定距离内，专业运动员骑女士自行车追逐，出现地点有 3 个，人数会逐渐增加，追逐到写有"追逐到此"的路障处停下，其间，选手被追上则意味着淘汰。

第四关：

处在第 1 的选手超过竞技选手的 5 秒后，专业运动员出发，共两次追逐：

第一次：2 人追逐/路况：上坡/路长：800m

第二次：5 人追逐/路况：缓和长距离上坡，直线 150m/路长：500m

最终 1 人冲过终点。

（5）节目借鉴

节目设置的关卡在娱乐之外，考验的正是竞赛中的冲刺、耐力、速度等能力。赛道包含了不同路况，与关卡的配合带来诸多的悬念。考虑到受众面窄的问题，自行车赛作为节目中的一个娱乐主题更为合适,因为从观看者的角度考虑自行车竞赛,时间较长,给人一种过程毫无变化的错觉,考验观众的耐心。

可借鉴节目的几个特点:难度可视化、关卡的合理化,持续不断的变化令挑战不断升温。在节目里多融入一些人力不可控因素,如大风、冰面、木桩等。还可设置前有敌兵、后有追兵,误入圈套、充当诱饵等环节附加冒险元素。

2. 案例 2:专业人士帮助素人成长式节目类型

表 4-5　体育游戏类节目 Tumble 节目信息

节目原名	Tumble	节目类型	体育游戏类
节目时长	60 分钟	播出方式	季播(每季 6 集)
播出平台	BBC one	首播时间	2014 年
收视情况	当季收视冠军,平均收视率 21.2%,超过其竞争对手 ITV 收视率 47%。		

这类节目是以业余体验专业为核心,以业余人员的艰苦训练为看点,最终的蜕变呈现为期待,可以简单归纳为专业人士帮助素人成长式。

(1)人物设置

评委:4 位,分别由奥运冠军担任(杂技团团长、奥运体操冠军、体操满分"女神"、体操队原队长)

主持人:1 人

参赛者:来自不同领域(拳击冠军、歌手、演员等)的明星(5 男 5 女)

根据性别分配专业体操陪练组成 10 个队伍,同时分配给每个队伍 1 个专业的动作指导。年龄构成上分为老中青三代,以满足不同年龄段受众需求。

(2)节目流程

每期开场邀请专业团队进行大型的体操杂技表演;

在第一期将陪练与动作指导分配给 10 位明星,组成固定队伍参与之后竞赛;

6 期比赛分主题进行(吊环、艺术体操、平衡木、蹦床等),结合不同主题设计动作进行表演;

表演后由 4 位评委决定其排名,进行淘汰(第一期不设淘汰,之后每期淘汰 1 人);

每期淘汰排名靠后的 2 位候选人,2 人将参加特殊环节(跳马),由评委中的"体操女神"作为总评委决定两人去留;

第 6 期总决赛有 6 组选手参加,开场后会进行跳马赛,由总评委选出进入决赛的3 组;

最后 3 组进行决赛表演,由观众投票决定最终冠军归属。

3. 案例 3:明星和专业人士搭档,帮助素人成长式节目类型

表 4-6　格斗真人秀节目《毫无畏惧的小伙子们》节目信息

节目原名	毫无畏惧的小伙子们	节目类型	格斗真人秀节目
节目时长	62 分钟	播出方式	周播
播出平台	韩国 MBC 电视台	首播时间	2017 年 11 月 11 日

(1)节目概述

《毫无畏惧的小伙子们》是一档由韩国顶级模特韩惠珍主持、笑星郑俊河、组合 super junior 成员利特以及韩国格斗冠军权阿索等作为导师出演的格斗真人秀节目,节目的参赛选手大部分来自韩国普通阶层,没有经过专业训练,节目的宗旨则是让他们在经过一系列专业训练和指导后了解格斗,通过格斗来改变他们现在低迷的生活状况。节目初期为选手两两对阵进行 PK,胜出的将会进入训练营参加专业的训练。在训练营中他们也会不定时地进行 PK,节目最终会选出一位终极冠军,获得奖金并经由推荐进入职业赛场。

(2)节目结构

节目分为两个阶段,分别是海选和后期训练营。在前期海选过程中采取选手两两 PK 的形式,过程中评委会选择红、蓝优秀的一方晋级。在比赛之前,节目会通过 VCR 的形式来介绍参赛选手的人物故事,例如为了家人或者是为了改变自己而来的,对其故事背景的交代会让观众在观看节目时把个人情感投入其中,让节目变得更加具有戏剧性。

图 4-8　《毫无畏惧的小伙子们》选手 VCR

图片来源:视频截屏

图 4-9　《毫无畏惧的小伙子们》节目中参赛选手的人物故事段落

图片来源：视频截屏

（3）节目看点

节目参赛选手虽然不是专业格斗运动员，但在进行比赛时，他们身上所展现的拼搏精神同样为他们赢来了观众的掌声。再加上人物背景的介绍，在后续的训练中观众就会格外关注选手们的成长，从而增加观众黏性。

4. 案例 4：运动员成长式节目类型

表 4-7　《狮子的击拳》节目信息

节目原名	ライオンのグータッチ	节目类型	体育纪实类
节目时长	30 分钟（含广告）	播出方式	周六 09:55—10:25
播出平台	日本 富士电视台	首播时间	2016 年 4 月 2 日

（1）节目概述

这是一档青少年体育纪实类节目。节目组寻找那些有体育热情但是在成绩上很难提高的青少年个人或团队作为助力对象，邀请知名的现役或退役运动员作为助力者，亲身指导和帮助这些青少年；通过几周或者几个月的指导，帮助他们实现他们的竞技"小目标"和"小梦想"。

（2）节目流程

第一部分：未尝胜果的小乒乓球手

介绍本期开始助力的第一个青少年——至今未尝胜果的小乒乓球手——塩野武藏（小学 6 年级）（见图 4-10）。塩野小朋友至今在比赛中没有取得过胜利，而他的小目标是在 1 个月后小学生涯最后的比赛中取得第一场胜利。助力运动员——前日本乒乓球国手平野早矢香前来助力,同时介绍平野早矢香的运动生涯,曾在 2012 年的伦敦奥运会上和福原爱、石川佳纯一起,为日本队拿下历史上首枚乒乓球银牌(女子团体)。

图 4-10　小乒乓球手——塩野武藏

图片来源:视频截屏

　　第一次助力训练开始。平野早矢香和塩野小朋友初次对战,了解塩野小朋友问题所在,并开始了第一次的助力训练指导。塩野小朋友反手击球过猛、移动脚步跟不上的问题得到了指正,并被要求在训练中也时刻保持一种紧张感。训练结束后,平野给塩野小朋友留了作业,并约定下次训练检查。

图 4-11　前日本乒乓球国手平野早矢香

图片来源:视频截屏

　　第二部分:想要再一次登上领奖台的滑雪少年

　　想要再一次踏上领奖台的滑雪少年——安藤哲人(小学 4 年级)。安藤小朋友从 5 岁开始高山滑雪,低学年的时候,经常可以在比赛中取得前三名的成绩;但升入小学三年级以来,他的成绩一直没有办法突破,再未能登上领奖台。他的小目标是在一个半月后的比赛中,可以取得前 3 名的成绩。助力运动员——4 届冬奥会选手皆川贤太郎。

图 4-12　滑雪少年安藤启人

图片来源：视频截屏

介绍皆川的职业生涯：连续 4 届参加冬奥会高山滑雪项目的比赛，并在 2006 年都灵冬奥会上男子回转障碍项目中取得了第 4 名的成绩，和第 3 名仅仅相差 0.03 秒，是日本选手 50 年来的最好成绩。

图 4-13　冬奥会选手皆川贤太郎

图片来源：视频截屏

第一次助力训练开始。皆川事先已经观察了安藤小朋友的滑雪动作，发现了他无法提升速度的动作缺点，建议他在回转时身体主动用力压板，可以借板的弹力提速，并且在接近旗门前就准备转弯，可以缩短路线，提升速度。安藤小朋友按照指导重新练习后，果然有所不同。皆川嘱咐他多加练习，用身体记住要领。

（3）节目评价

怀有热情和目标的青少年们，在自己的运动项目上迟迟无法突破，在现役或退役运动员的助力下，去实现自己的小目标。过程中有汗水有欢笑，更多的是技术与精神上的收获。《狮子的击拳》作为一档青少年纪实节目，着眼于体育少年们的成长，真实记录了热爱体育运动的少男少女在明星运动员的协助下取得成功的一幕幕情景。节目立意清晰,充满青春的汗水与欢笑,同时不失竞技体育训练的辛苦和比赛的激烈。明星与素人青少年的搭档亦师亦友,在助力青少年的几个星期或几个月的时间里,同时见证少男少女的成长。

5. 案例 5:纪实类真人秀节目

表 4-8　纪实类真人秀《超越父辈》节目信息

节目原名	超越父辈	节目类型	纪实真人秀
节目时长	30 分钟(含广告)	播出方式	周六
播出平台	日本电视台	首播时间	2018 年 1 月 27 日(试播)

（1）节目概述

　　这是一档以"某体育项目的二代"和父辈对决为主题的体育真人秀,前半段讲述两代人之间的亲情故事,后半段呈现两代人之间的一场体育项目对决。

图 4-14　父亲立岛笃史和儿子立岛挑己

图片来源:视频截屏

　　日本著名"Kickboxer(搏击)之王",20 世纪 90 年代在全日本掀起"立岛热潮",现年 46 岁的立岛笃史 16 岁进入职业比赛,在当时被称为"地上最强高中生";19 岁成为日本冠军,是踢拳界第一位"千万王者"。

　　立岛笃史的长子立岛挑己(19 岁),继承父亲的职业,从小学习搏击,16 岁正式进入职业比赛,但还没有取得很大的成绩。父子二人同在联赛,并都在一个俱乐部训练,但此前从未进行过对战,节目组向两人发出了对战邀请函,两人都接受了挑战。

（2）节目流程

环节一：父子日常

介绍父子二人的日常，作为单亲家庭，父亲立嶋笃史除了是儿子的教练，更负责儿子的一切起居生活。父子二人还将长跑作为训练和沟通感情的家庭项目。除此之外还有对两人训练准备的采访和训练的日常。

环节二：正式比赛

比赛分成 3 回合，每回合 3 分钟，由专业解说和职业拳手进行比赛解说。经过 3 回合的较量，儿子立嶋挑己最终战胜了父亲。父亲在现场读了赛前写给儿子的信。

（3）节目借鉴

《超越父辈》选取了一个新的角度展现亲子关系。不同于市面上已有的亲子节目，《超越父辈》最大的亮点是聚焦在"超越"上。不是伴随成长的亲子生活互动，或是交流情感的旅行探险，而是子承父业后的超越挑战。节目抓住"继承"和"超越"两个关键词，打造了一场挑战父辈的对决。讲述成长故事的同时，用一场竞技比赛为亲情做一个巨大的提升。观众在观看节目时不仅仅是站在父母的角度看如何照顾和培养小孩子，而且同时感受作为长大成人的子女，内心那一份超越父母完成蜕变的心情。从某种程度上来说，这也是一种仪式。

虽然在立意上《超越父辈》选取了一个精巧的角度，但是体量篇幅上没有做好铺垫，也无法完全做好对决后的升华，应该在矛盾冲突上的刻画更加注意。

6. 案例 6：纪实类真人秀节目

表 4-9　纪实类真人秀《重返赛场》节目信息

节目原名	重返赛场	节目类型	纪实真人秀
节目时长	60 分钟	播出方式	周二 22：00
播出平台	美国 CNBC	首播时间	2018 年 3 月 13 日

（1）节目概述

由阿莱克斯·罗德里格兹（Alex Rodriguez）主持的纪实类真人秀节目。当前运动员陷入严重的财务困境时，阿莱克斯·罗德里格兹是能够帮助他们重新站起来的精明导师。无论这个游戏是第二次开展职业生涯开始一项新业务，还是寻找摆脱债务的方式，导师都准备好引导这些前任明星进行下一场精彩的比赛。曾经有过辉煌职业生涯的前明星们会愿意听命于他们的新"教练"吗？

（2）节目看点

大量的数据分析贯穿节目始终。为了让前运动员摆脱目前的财政困境,导师制订详细缜密的计划,让前运动员以教练的身份重新回到赛场,数据会精准到每个月会带来哪些收益,甚至预测多长时间能够将债务还清并且获得效益。

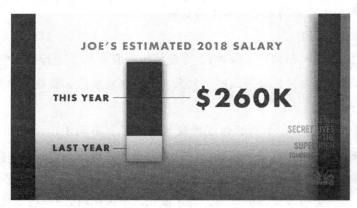

图 4-15   前运动员乔的收入对比

图片来源：视频截屏

强烈的情感流露：一方面是前运动员乔·史密斯负债累累,心态上失衡；一方面给予未婚妻的承诺许久不能兑现,乔·史密斯是否会信任导师帮他完成还债计划甚至重返赛场？看到曾经风光无限的篮球职业生涯,乔·史密斯是否能够接受第二次开展职业生涯？一系列感情上的纠结、困惑围绕着乔·史密斯。

（三）体育元素的综合运用

内容：围绕体育元素,设置极致性或娱乐化任务对抗

方式：强体能对抗

空间：户外

1. 案例 1：体育元素极致化为体能对抗

表 4-10   竞技体育节目 *Desafío 2016* 节目信息

节目原名	原名：*Desafío 2016（Generación S）*	节目类型	竞技体育
节目时长	50 分钟	播出方式	季播 6 期
播出平台	西班牙　La 1	首播时间	2016 年 6 月 28 日
制作公司	Shine Iberia		

（1）节目概述

这是一档体育竞技节目，14 名 18～23 岁的预备役运动员，在马德里国家公园两两搭档，进行各类型的体力与智力比拼，并逐个小队淘汰，胜者将获得一次实现自己体育梦想的机会。

（2）人物设定

主持人：2 名，负责宣布每项任务规则，同时也担当教练的角色。其中女主持人是西班牙国家队退役选手，曾代表西班牙 4 次出征世界奥林匹克运动会(1996—2008年)，共获得 8 枚奖牌；男主持人是西班牙国家空军一号飞行员，多次获得军方表彰，运动兴趣广泛。

选手：14 名预备役运动员，7 名男性，7 名女性，男女搭配成固定的两人小组，小组间进行体力与智力的多重竞技，每期淘汰一组。

（3）节目流程

任务一：负重往返跑

男女选手分开比赛，在起点处成员负重为 5kg，跑到 20 米时需增加 5kg 负重物后返回起点，此时负重为 10kg；从起点再次跑到 40 米点的地方增加 5kg 负重后回到起点，此时负重为 15kg；60 米、80 米、100 米以此类推，最终决出男女队伍中体能最强者。

由两位最强者选出自己的队员，组成 7 人一组的橙队和蓝队（男女混合），进行下一项目比拼。领队在远处山丘上用望远镜观察成员表现。

任务二：水中举重物

成员正式见到女导师，开始第二项挑战，2 组对抗，由 6 名组员在水中合力举起重物，组长回答导师的问题，在此过程中重物先落入水中的队伍失败。成功的队伍由导师宣布，获胜队伍每个人都可以得到 10 分。

任务三：负重推车

所有人登上筏子划到下一任务地点，与男导师见面，导师宣布任务三。每人负重 15kg 后，跑到停车处，重物可放置在车内，每组推动一辆无动力汽车，由一人掌控方向盘，其余 6 人推动汽车，2 组比拼速度，最先到达指定地点的队伍胜利，获得 10 分。

任务四：七项接力

每项比拼安排一名选手，每人只能参加一次比拼，由小组成员讨论后自行安排人员上场顺序。项目有拔河、引体向上、标枪、身体支撑、平举重物、推轮胎以及神秘的最后一项。

神秘项目为队长解救队员,6名组员被密码锁锁住双手,队长需要通过6道数学题获得密码打开每一位队员的锁,在限定时间内通关的队伍胜利。7种比拼,每项5分。

组队:

根据当天的表现,由女生选人,组成男女双人组,可以在自己或者对方的队伍中选择。组队完成后等待第二天的比拼,从第二天开始,将是双人赛,每天淘汰一个组。

（4）节目借鉴

节目口号新颖,"圆一个体育梦"（比如参加国家队选拔赛,参加大型赛事等）,把物质的奖励转换成精神的荣誉感;不仅仅是针对预备役选手,只要是达到一定的标准,普通人也可以挑战,拉近了看起来高大上的体育比赛与普通人之间的距离;加入明星元素,更增强了宣传的效果。可以为国内综艺节目,特别是户外节目所借鉴。

本节目把体育元素的专业化推向极致,选用预备役运动员,这是体能非常强的人群,强化了节目专业性,弱化故事性和综艺感。在国内的户外真人秀中,好的内容和合适的出演者都非常重要,出演者的实力需要有弱有强,能力的差异性最容易吸引关注度。

2. 案例2：体育元素娱乐化为游戏对抗任务

表4-11　体育竞技游戏类真人秀 *Eternal Glory* 节目信息

节目原名	*Eternal Glory*	节目类型	体育竞技游戏类真人秀节目
节目时长	60分钟	播出方式	季播　一季6期 周二　晚 20：00—21：00
播出平台	英国　ITV	首播时间	2015年10月6日

（1）节目概述

8名参赛选手一同生活一同比赛。每期四项比拼内容,全方位地考察选手需要具备的各项能力。6期节目,每期成绩最低的2名选手进行最终对决,淘汰1名。1期淘汰1名选手,最后1期决出冠军。

（2）人物设置

8位参赛选手,前运动员（4男4女）

1名主持人

1名运动科学博士、奥运选手专业训练教授

（3）节目流程

项目一：水中独脚站立（考察平衡力）

图 4-16　水中独脚站立

图片来源：视频截屏

坚持时间最长者获胜，排名先后按时间计算；

项目开始前，选手们进行准备运动、模拟比赛；

运动科学博士与主持人一直在现场陪同，并担任"讲解员"的角色进行解说分析。

项目二：心率障碍跑（考察策略能力）

图 4-17　心率障碍跑

图片来源：视频截屏

在完成项目过程中，心率低于自己最高心率值的 85％才可出发，5 个杆 5 次跨栏往返跑；

选手佩戴心跳检测仪，工作人员落下红旗指令才可出发 1 次跨栏往返跑；

4人一组进行，最终成绩按照完成时间排序。

项目三：扑救（考察移动力）

图 4-18　发射线

图片来源：视频截屏

选手站立在网桶前拦截机器发出的网球，尽量少地让球打入网中；

将三轮项目的排名总成绩相加，排位最末的两位选手进入最终淘汰赛。

项目四：淘汰项目"快速拔枪"（考察反应能力）

图 4-19　快速拔枪

图片来源：视频截屏

5个被灯光照射的柱体，比赛开始后，灯光随机灭掉4柱，哪位选手反应快，来拔掉亮着的柱体则获胜，此环节3局2胜。

在整期节目中穿插选手们的信息背景介绍、历史比赛画面、参加比赛前的科学身体检查、体能检查等。

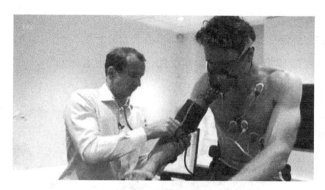

图 4-20　参赛选手在进行体能检查

图片来源：视频截屏

3. 案例 3：汽车驾驶挑战类真人秀节目类型

表 4-12　汽车驾驶挑战类真人秀 *The Getaway Car* 节目信息

节目原名	*The Getaway Car*	节目类型	汽车驾驶挑战类真人秀
节目时长	60 分钟	播出方式	季播 12 期
播出平台	英国　BBC one	首播时间	周六 晚(18:50—19:45)

（1）节目概述

这是一场酷炫的赛车比赛,这是一场可以赢得奖金的大对决。作为 *Top Gear* 的衍生节目,到底可以擦出什么火花呢?

（2）人物设置

参赛选手：每期 5 队,多为夫妻、情侣、兄弟姐妹、同事、朋友关系

主持人：*Top Gear* 的标志形象 The Stig

图 4-21　主持人和标志

图片来源：视频截屏

（3）环节设置

环节一：危险公路

每队轮流完成障碍赛道，以计时的方式，用时最短者最佳。

图 4-22　可怕停车场

图片来源：视频截屏

图 4-23　集装箱互通

图片来源：视频截屏

图 4-24　跷跷板

图片来源：视频截屏

环节二：回答问题淘汰赛

用时最长的 2 组选手分别乘坐红、蓝色的赛车，在行车过程中回答一个问题；

行车路径——微型跑道两圈，题目为"以 A 字打头的国家有哪些"，答对数目少的一组选手淘汰；

环节三：愤怒的越野赛

剩下的 4 支球队轮流参加计时过障碍越野赛。在行车过程中，如果撞到白色的障碍，时间增加 5 秒，撞到红色的时间增加 10 秒，如果掉入坑中，被协助推出，时间增加 30 秒；

用时最短的两队自动晋级下一版块，剩下的两队进入第二节淘汰赛。

环节四：回答问题淘汰赛

用时最长的两组选手分别乘坐红色、蓝色的越野车，在行车过程中回答一个问题。

环节五：穿越赛道

开车进入拐弯赛道，选择问题答案冲破屏障。参赛队伍听取题目后进入赛道，选择正确答案冲破屏障。一组队伍有两次机会，答错问题扣 1 次；或 3 队全部答对时最后一个冲出屏障的队伍扣 1 次。

题目 1："欧洲之星连接英国、法国和荷兰、比利时以及其他哪些国家？"

题目 2："哪个演员主演詹姆斯·邦德最多次，皮尔斯·布鲁斯南还是罗杰？"

公布成绩，最先损失两次机会的一组选手被淘汰。

决赛：逃走追逐

选手比"The Stig"先开出 8 秒钟的时间，The Stig 随后追逐，在未追上之前每半圈增加一千镑奖金，最高限额 1 万镑，直至追上后钱数停止增加。

（4）节目借鉴

节目虽然模式感很强，但是给人看起来略显生硬，似乎在很认真地做一个赛车比赛，而并没有融入太多真人秀部分。所以，可以借鉴节目中专业赛车方面的环节，如驾驶过障碍等；但是要加强完善真人秀的部分，不能让节目从头到尾只呈现专业性，也需要融入娱乐的元素。

第五章

剧情类产品的设计与创作

第一节　剧情类产品的定义及范围

剧情类产品指的是媒介产品中,在内容部分带有明显剧情性,包含情节发展、环境背景、人物设定等元素的一类产品。这类产品往往以所具有的故事内核作为重点,围绕这一核心展开内容创作,以制播技术手段完成生产,最终经过营销抵达消费者(观众)。

剧情类产品包含的范围随着技术的发展和时代的变迁不断扩大,到目前为止,不仅仅包括电影、电视剧、动画等传统产品形式,在互联网技术飞速发展和新媒体环境日新月异的加持下,游戏、网络大电影、网络剧和一部分综艺也被囊括进了这一产品类目下。

一、电影、网络大电影

电影是现代传媒意义上最早出现的剧情类产品。从美学意义上来讲,电影是"以电影技术为手段,以画面和声音为媒介,在银幕上运动的时间和空间里创造形象,再现和反映生活的一门艺术"[①]。其中,电影技术囊括了图像艺术、音响技术和后期制作等,电影本身又集中了影像、文学、音乐、表演等多个艺术门类,因此展现出了极强的综合性。而作为产品的电影,在其艺术性之外,则又多了一层工业的色彩。电影从最初的融资投拍、拍摄剪辑及后期制作,再到发行、放映,整个运作流程已经形成了一个完整的生产机制。

而单从电影作为"剧情类"产品这一层面来讲,则又可按照题材、情感、背景环境及工业技巧等进行分类,包括科幻片、犯罪片、喜剧片、恐怖片、西部片、战争片等各种类别,这就是我们常说的"类型片"。类型片早在19世纪末就已经出现,发展到当下,按照不同的分类方式,我们能看到的电影都根据其剧情的特征和类型,发展出了自己的设计与创作模式:爱情喜剧片的浪漫故事和情感张力、悬疑片的阴郁风格和紧凑情节、史诗片的宏大背景和视觉奇观,从电影工业的角度上来讲,都已经形成了所属

[①]　周星主编:《电影概论》,3页,北京,高等教育出版社,2004。

类型下的生产规则。

　　网络大电影(简称"网大")与电影的制播过程基本相同,但也有一些不同之处。除了在网络平台播映这一最大的区别外,网络电影往往成本更低,剧情内容也相对更加多元,更加符合网生内容受众的审美习惯,迎合了网络受众的观影需求。网络大电影的概念自提出之后,在近年内发展飞速。区别于以往粗制滥造的网络视频,网络大电影逐渐有了自己的行业标准,2016—2018 年,视频网站上线网大数量共 5482 部,并在政策调控和市场洗牌下逐渐朝着精品化的方向提升,付费观看的观众数量高速增长,票房收入也节节攀升。尤其是奇幻、悬疑类型的网大,在 2018 年网大票房表现中独占鳌头。[①] 以 2018 年分账超过 1 000 万元的网大之首《灵魂摆渡·黄泉》来说,这部作为系列网络剧《灵魂摆渡》的番外作品,历经一年时间精细打磨剧本,在制作中也颇花费心血,特别是在特效上投入了比一般网络大电影更多的时间和经费。作品延续了之前 IP 的中心思想,在故事讲述上也与院线电影的结构无差,影片中融入了中国古典元素,也展现了颇具现代魅力的爱情观,是网络大电影在中国电影大环境下对自己的一次证明。

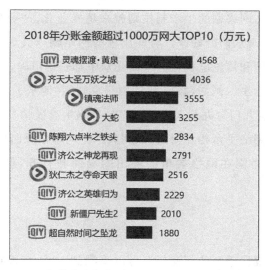

图 5-1　2018 年分账金额超过 1 000 万元人民币的网大 TOP10

数据来源:艺恩网

---

　　① 艺恩网:《2018 中国视频内容付费产业观察》,2019-01-10,http://www.entgroup.cn/report/f/1118208.shtml。

二、电视剧、网络剧

电视剧，首先是电视艺术的一种。1958年，电视剧在中国电视屏幕上出现之初，就已经有了明确的定义，它是"在演播室里演出的戏剧，经过多机拍摄、镜头分切的艺术处理，运用电子传播手段，通过电视屏幕传达给观众的特定的艺术样式"[①]。这是根据当时"电视小戏"的尝试而作出的阐释。到了今天，电视剧泛指在电视上播映的剧集作品，同样融合了戏剧、音乐、文学、美术等多种艺术形式。

电视剧作为一种剧情类产品，根据其题材的不同，也可以在剧情层面进行再划分。现在在荧屏上看到的剧集，按照题材类型可以分为社会伦理剧、都市言情剧、悬疑推理剧、武侠玄幻剧、古装历史剧等。从形式上，根据篇幅特点，也有单元剧与连续剧之分。这些剧集的创作与设计，经过电视工业技术的发展，在各个发展阶段的打磨下，形成了完整的制播模式，成为成熟的媒介产品。

网络剧的出现则是进入21世纪之后的一个重要转折。网络剧在诞生之初，大多以网络文化作为创作的主要内容，往往制作粗陋，成本低廉，整体呈现出简单、零散的生产状态。而在近年，网络剧的生产制作则越来越专业化、产业化，以高质量的制作水准和完成度获得了观众们的好评。有些出色的网络剧以其令人欣喜的质量，或能够网台联播，在互联网和传统电视台两方的受众中都获得口碑，或做到了反哺电视荧屏，在网播之后重新上星。例如，2015年的网络自制剧《他来了，请闭眼》成功登陆东方卫视；2016年的《老九门》《九州天空城》和《如果蜗牛有爱情》三部网络剧成功登陆一线卫视，电视台与网络平台相互促进、互利共赢。网络剧反向登上传统电视荧屏现象，使得原本电视台播剧在网络端单向输出的局面被打开，形成了双向输送的新体系。

三、动画

动画由来已久，现代动画的起源甚至可以追溯到1824年彼得·罗杰的文章《论移动动物体的视觉暂留》。动画的普遍定义为"利用某种机械装置使单幅的图像连续而快速地运动起来"[②]。经过电影时代、电视时代和数字时代的更迭，动画在技术方面已经不仅仅停留在"动态的图画"这样简单的意义上了，不论是经典流行的定格动画，

---

① 高鑫：《电视剧的探索》，7页，北京，北京广播学院出版社，1988。
② 史蒂芬·卡瓦利耶：《世界动画简史》，陈功译，35页，北京，中央编译出版社，2012。

还是当代画面精致逼真的 3D、CG 动画,都是技术与艺术的完美融合。

　　动画也不仅仅是人们刻板印象里只面向青少年的产品形式,除去一部分专门指向低幼化的内容,动画的剧情也十分丰富,能够满足各年龄层或群体的审美偏好。在近年,动画的创作技术在真人影视作品中也常常出现,为观众带来了叠加之后更为愉悦的观影体验。比如,在电影《捉妖记》中大放异彩的小妖王胡巴,就是通过大量的 CG 镜头构建并合成到真人电影中的动画人物,而这个人物形象也为电影本身带来了最大的亮点。导演许诚毅利用自己在梦工厂做动画总监的经验,为这部自己第一次执导的大规模特效电影带来了精巧有趣的故事,也贡献了一场令人赞叹的特效大餐。

四、游戏

　　电子游戏中无疑也有一部分属于剧情类产品。前两年大热的超现实恋爱手机游戏《恋与制作人》,就以其多线且跌宕的剧情获得了大量女性玩家的青睐。在游戏中,玩家扮演的女性角色与 4 个职业、性格、外貌迥异的男主角进行感情培养,同时完成各项任务,几度在网络上引起热议。又如风靡一时的手机游戏《阴阳师》,在卡牌、对战等元素之外,也拥有一条主要的故事情节线,主人公安倍晴明带领伙伴在阴阳两界穿梭,解决与魑魅魍魉相关的种种危机,维护两界的秩序。拥有剧情加持的游戏,由于其中解锁情节的巨大吸引力,往往能够高度黏合玩家,使玩家抱有兴趣一探究竟。不仅如此,除了将故事情节作为主要内容的游戏之外,也有将简单的故事情节融入游戏过程之中的其他游戏,故事情节为游戏增添了一些额外的趣味,使得游戏整体更为丰富立体。例如,在游戏《绝地求生》中,就将玩家需要完成的任务设定在"二战"背景的小岛上,并且为这座岛屿设置了前情背景,加入了剧情的色彩,使得整个游戏更加完整,玩家浸入感也就更加强烈。

五、部分综艺

　　综艺作为一种以娱乐性为主的节目形式,在视听方面极大地融合了观众喜闻乐见的娱乐元素,丰富了观众的日常文化生活。传统的综艺大多见于电视荧屏,到了今天,网络综艺与直播综艺也一道加入了综艺节目市场,丰富了这一节目类别的形态与内容。传统的综艺节目通常有固定的节目流程与环节,而近年来,出现了一批具有剧情特点的综艺节目,并且获得了好评。比如,在芒果 TV 播出的网络综艺《明星大侦探》,融合了以悬疑案件为蓝本的单元剧内容,参与的嘉宾需要以剧情中的角色为身份,在整个综艺环节中完成所扮演的角色任务等。再比如,一些真人秀节目,在漫长的拍摄过程中,嘉宾之间互相产生的人物关系和节目走向,也为节目本身带来了一些戏剧化的发展,因此也带上了剧情色彩。

第二节　剧情类产品的特征

一、剧情类产品的共性

(一)分工协作规范流程

剧情类产品的内容生产,早已拥有一套完整的工业化流程,无论是影视作品、动画游戏,还是综艺,从产品的角度来说,其分工协作、流程环节等已经日臻成熟,都在长期的进化和革新中发展完善符合自身生产流程的工业化体系。当然,从另一个角度来看,我们还需明确,剧情类产品归根结底还是需要依靠"剧情"的,也就是说,独特的创意性在其中也是不可或缺的,创作者的脑力在"剧情类产品"的生产过程中占据了非常核心的位置,因此,"剧情类产品"的工业特质只是其特性中的一种。

我们以电影为例,试解释"剧情类产品"的工业化分工和流程。在好莱坞电影工业的发展史上,制片厂制度是其工业化的一个里程碑,好莱坞的八大影业公司[①]更是起到了非常重要的历史作用,制片厂的拥有者们几乎决定着每一部商业影片的生产——"他可能批准一些新的富有创意的项目,和编剧、导演们签约,批准影片的预算,管理各种报表,租借其他劳务人员。他还可能拥有剧本的最后决定权和以通过审看毛片(白天拍摄的没经任何剪辑的胶片)的方式监督影片的拍摄进程,以及影片的剪辑等"[②]。这一制度成为电影工业的模型,并在此后于世界各地进化发展。我们现在在电影工业中接触的制片人、导演、编剧、表演、内容、拍摄、后期制作、营销推广等相关工种,正是在电影史打磨下的工业体系中逐渐固定下来。

与电影相似,剧集、动画甚至游戏综艺的剧情相关部分,都有着类似的分工和把控。分工协作与流程化的制作过程,加强了剧情类产品的商品属性。

---

① 好莱坞八大影业公司主要包括:华纳兄弟公司、米高梅电影公司、派拉蒙影业公司、哥伦比亚影业公司、环球影片公司、联美电影公司、20世纪福克斯电影公司、迪士尼电影公司。

② [澳]麦特白:《好莱坞电影:美国电影工业发展史》,吴菁、何建平、刘辉译,126页,北京,华夏出版社,2011。

（二）IP 转化互利共赢

剧情类产品的各个类型之间，还有一个非常明显的趋势——当某一个类型产品获得成功之后，往往会衍生或转化为其他类型的剧情类产品。尤其是在 IP（知识产权）改编大热的这几年间，多类型的剧情类产品有相当大一部分在创作之初就开始同步开发，力图将 IP 的价值最大限度地发掘出来，这是当下剧情类产品生产的一个重要共性。

IP 改编的做法由来已久，在 2005 年播出的古装仙侠玄幻电视剧《仙剑奇侠传》，就是由同名单机游戏改编而来的。而近几年，由文学作品改编而来的剧情类产品，或在开发的同时，或在取得较好的成绩之后，也都开始了类别内的互相转化。如 2015 年热播的古装权谋剧《琅琊榜》，在取得了出色的收视成绩之后，分别被改编为网页游戏和手机游戏，其电影版也有筹备意向，使得一个 IP 被多重使用，达到利益最大化的商业需求。

二、剧情类产品的特征

"剧情"是剧情类产品中不可或缺的核心。而剧情的创作与设计，使得剧情类产品有了与其他媒介类产品最大的区别。不同的剧情题材带来了不同的剧情类型，基于现实抑或想象的剧情内容也以其虚构性展现着创作者的巧思，相对的工业化生产也决定了每一部新的剧集都无法简单地填充进前一个范本的模具，必须有新的创造。以上种种，都显示出剧情类产品的特殊性。

（一）虚构性

剧情类产品首先具有虚构性，这是其区别于其他媒介产品的第一个特征。不同于其他产品对真实性或多或少的需求，剧情类产品不需要将信息以原貌呈现出来，反而更需要虚构。即使是取材于真实事件的作品，在原有的故事背景上也需要进行艺术加工，更遑论其他本身就建立在编剧原创基础之上的作品。

一部优秀的作品，其剧情的发展是作品的基础，是作品赖以生存发展的土壤，决定着作品质量的基本水准。而判断剧情的好坏，则往往与其戏剧性密切相关。一部取材于现实生活的剧集，需要反映生活真实的温度，但如果过于忠实地描写生活的原貌，则作品的趣味性和戏剧性都会大打折扣。艺术的加工是必不可少的，在现实生活题材中加入更加激烈的冲突和复杂的关系，才能够使故事成为剧情类产品。

（二）类型性

在上文中，我们已经介绍了对电影、电视剧等产品形式，以类型为出发点，可以对具体产品进行再划分,这是剧情类产品的第二个特点——用不同的创作流程、范式、风格,来满足不同类型作品的创作需求。其他的媒介产品也可能具有相似的倾向,但是剧情类产品的类型性与其作为工业商品的属性结合得更加紧密。我们所能看到的剧情类产品,按照其题材类型的不同,在策划、制作、宣发、播映等方面都是有所区别的:都市言情类的作品在创作上注重情感线索的梳理、人物关系的设定和变化;悬疑推理类的作品在制作上往往采取庄重沉郁的视听风格;古装玄幻类则在宣传发行上营造奇谲瑰丽的视觉效果。

类型性的特征在互联网环境下,也有着新的作用。例如,在媒介融合的大背景下,互联网视频平台也以类型为依据,尝试建立类型剧场。这其中尤其以爱奇艺的"爱青春""奇悬疑"两剧场最为典型。其中,"爱青春"剧场凝合了更广义的"青春题材",不仅指校园、爱情、都市、偶像,更广泛地指具有青春元素的古装、探险等题材的剧集。"奇悬疑"剧场专门聚焦悬疑题材,最大限度地聚集了悬疑题材的爱好者,力求让这一剧场成为悬疑题材受众的首选。可以说,类型剧场模式在网剧精品化乃至工业化的道路上起到了不小的变革作用。

(三)情节性

剧情类产品最主要的特征与其核心的"剧情"密不可分,即产品的情节性。不同于带有部分戏剧化色彩的综艺节目、有叙事性的纪实影像作品等,剧情类产品的"情节"在产品的生产销售过程中,拥有着不同的地位,其本身也更加精密。首先,剧情类产品的叙事性决定了其情节包含着事件的演变过程,这种过程可能是人物或环境自身的改变,也可能是关系的更迭,矛盾和冲突更加丰富,线索更加错综,并且包含着递进的节段,强调完整的过程;其次,剧情类产品的"情节性"更加注重情节中逻辑因果是否合理,发展是否流畅,并且在视听语言上也在力图满足故事架构的建立需求,而非只考虑单独的片段;最后,剧情类产品的"情节"是其卖点,也是生产的重点,其重要程度相比其他类别的媒介产品中所含有的情节性来说更为关键。

举例来说,我们在"抖音"短视频平台中看到的一些具有故事性的段子、情景剧等,与我们在网络视频平台上收看的网剧、动漫等相比,虽然同属娱乐产品,也有一定故事内容,以人物、环境等元素来呈现一种矛盾冲突,但是这些平台上的内容,其故事不具备发展和推动的过程,线索短小且情节单一,往往比较跳脱,并不注重连贯性。对于其呈现的重点来讲,也并不在于叙事本身,更多情况下是为了展现某一引人注意的特质。而这样的讲述过程恰恰与上述剧情类产品对于情节的依赖相反。

第三节　剧情类产品的设计与创作

一、剧情类产品的生产分工

（一）制片人

制片人的工作一般在于把控全片生产销售的整个流程及其相关的其他环节。从项目策划开始的前期准备，到组建团队成员（剧组）、执行拍摄制作、后期的发行宣传等，都属于制片人的工作范围。在这个过程中，所涉及的财务、统筹等问题，也由制片人来进行核对。制片人是"最高的领导"，这样的运作方式有很多好处，比如，提高效率，避免资源浪费，注重经济效益等。[①] 出色的制片人，可以把控好整个产品生产的节奏，将产品以最具性价比的方式制作出来，为产品获得最大程度上的利益。

我们通常意义上理解的制片人，也根据在其工作内容上的偏重有所区别。比如，有的制片人长于在前期进行策划，那么在工作上就偏向于前期的联络、统筹、融资等，确保整个项目能够被建立起来；而有的制片人，则擅于在片场联动整个产品的生产，属于项目的"制作人"，工作主要是创作阶段保证产品的产出。除了上述这两种之外，还有一些产品的投资人会挂名制片人等。

（二）导演

导演决定着影片的风格、基调和价值观。在创作阶段，导演是一部作品的统帅，将作品生产的各个部门黏合起来，发挥剧组人员的创造力和才华，以呈现最佳作品。演员、灯光摄像、录音、美术等各个部门，都要在作品生产中听从导演的指挥。可以说，导演的能力和引导的方向是一部作品的灵魂，决定一部作品以何种力度、何种调性呈现在观众面前，就是导演所需要做的。

在我们一般的认知里，剧情类产品的导演可能大多是电影、电视剧导演，如家喻户晓的电影名导詹姆斯·卡梅隆、张艺谋、贾樟柯等人，又如有着出色电视剧作品的导演赵宝刚、郑晓龙等人。而事实上，动漫、综艺等也需要导演进行整体把控，如日本著名的动画导演宫崎骏，其对动画故事的设计和创造力是非常出色的。在有剧情的综艺节目拍摄过程中，也需要现场导演来掌控整体节奏。

---

① 冷冶夫：《职业制片人的发展趋势》，人民网，2004-04，http://www.people.com.cn/GB/14677/22100/32915/32917/2447662.html。

（三）编剧

编剧是剧情类产品核心内容的生产者，或原创一个故事，或对既有的作品进行改编。比如，2018年风靡网络视听的两部宫斗戏《延禧攻略》和《如懿传》：《延禧攻略》是由编剧周末原创完成的，故事本身由编剧直接书写；《如懿传》则是小说作者流潋紫在其小说《后宫·如懿传》基础之上改编而来的，两部作品虽然创作的方法不尽相同，但是都书写了一场跌宕起伏的宫廷情仇。

剧情类产品是在编剧的创作基础之上进行后续的演绎和发展。一个好的编剧能够将严谨的逻辑、精彩的情节、引人入胜的节奏、立体的人物设定、丰富的发展线索等融合于作品之中，为作品的后续呈现奠定基础。编剧的创作也需要根据作品的实际情况作出调整，反复推敲，因此需要付出大量的时间进行研磨，这样才能最终得到一个好的剧本。

比如，曾经创作了《北平无战事》《雍正王朝》《大明王朝1566》等经典作品的著名编剧刘和平，在谈到自己的创作历程时，围绕创作《北平无战事》时的艰难和反复，谈到编剧工作的特性，"历时7年，寻寻觅觅地反复修改，甚至开机后还在修改。为了不耽误剧组的拍摄进度，他每天让两位助理分两班轮替打字。助理换班了，他还得继续创作，一天口述剧本近17个小时。作为总制片人，创作修改完剧本还要跟导演去看当天的回放"[①]。编剧长时间的打磨和推敲、反复修改，才最终成就了一段段精妙的剧情，一部部经典的作品。

（四）表演

有了好的剧本和制作团队之后，演员也是其中一个非常重要的组成部分。演员需要经过专业的教育或培训，以专业的表演能力，利用自己的身体、表情、动作等，对产品中的角色进行演绎。好的演员并不仅仅是对角色的呈现，也能够提升作品的整体质量，如王宝强在《士兵突击》中对士兵许三多的演绎，不仅真实可感，也以自身贴近角色的特点呈现出了人物的独特魅力，为作品加分不少。当前，中国的演员大多经过了专业的培训，不少优秀的演员出自科班，在学生时期即经过了声、台、形、表等多方位的培训，也有一部分演员依靠自己的天赋，在实践中磨砺演技，也能塑造出经典的人物形象。

---

① 俞亮鑫：《我一直在寻找"那盏灯"》，载《新民晚报》，新民网，2018-05-03，http://k.sina.com.cn/article_1737737970_6793c6f2020008jz9.html。

（五）创作与制作部门

一部作品的完成,不可能是一人之力。在作品的具体创作和后期制作中,各个部门的工作都是不可或缺的。作品的诞生需要各个部门的协作来相互配合,在导演和制片的统筹之下按照既定的轨道运转,最终实现作品的创作与呈现。对于电影、电视剧、网剧、网大来说,灯光、剧务、摄像、录音、美术、化妆、服装、混音、后期特效等,每一个部门都是非常专业的工种,都需要进行专业的学习和实践的磨炼。而在动漫、游戏等剧情类产品中,也需要原画师、造型设计、模型制作、雕刻师、制景人员、扫描人员、合成师等专业的工种要有过硬的技术才能完成相应的工作。

图 5-2　电视剧《知否知否应是绿肥红瘦》拍摄现场

来源：爱奇艺提供

（六）其他环节

在产品制作完成后,后续还有一系列诸如发行、营销、宣传、参评奖项等的工作,以确保作为产品的艺术作品能够满足其商业属性,取得应有的收益。这些环节虽不在本书所包含的设计与创作范围内,但同样非常重要,是作品取得好成绩、能为更广大的观众所熟知的必要环节。《延禧攻略》能够获得成功,与它营销和发行的策略有着紧密的联系。《延禧攻略》选定在清宫剧排播稍显稀疏的档期,并且与之后播出的《如懿传》相比,又有先入为主的优势;而剧集在播出期间,其营销策略也跟随当下流行的趋势做出了宣传方面的创新。据爱奇艺市场部副总裁陈宏嘉介绍,在《延禧攻略》播出期间,为了迎合年轻观众的媒介使用习惯,宣传团队也使用了一些符合年轻人胃口、更加生活化的宣传策略,"我记得第一集上线之前,我们只丢了四个字母

yxgl,就是《延禧攻略》四个字的首字母"[1],这种网络用户常常使用的语言文化,在宣传中也为剧集带来了意外之喜。在整个《延禧攻略》播出期间,剧集相关的热搜词几度在微博刷屏,可以说是网络剧集线上营销的一个经典案例。

图 5-3　2018 年 8 月 19 日微博热搜榜一览

数据来源:2018 年 8 月 19 日微博热搜

二、网剧《无证之罪》的设计与创作案例

《无证之罪》是中国第一部社会派推理网剧,区别于经常见诸影视化改编的本格派推理("本格"在日本推理界的意思就是指"为了解决问题而进行的推理论证,也就是将追寻真相的理论提高到一定的认识高度所生成的产物",它的"故事通俗的要素较少,而推理的理论感较为强烈"[2]),其对人性的细腻描写和对犯罪过程的社会化呈现,让这部剧集的内容更加能够撼动人心。从形式上来讲,剧集整体短小精悍,内容紧凑,电影化的视听手法更是在很大程度上提升了其整体质感。剧集由爱奇艺、华影欣荣影业联合出品,吕行执导,秦昊、邓家佳等主演,2017 年 9 月 6 日于爱奇艺上线独播,豆瓣评分 8.2 分。本部分系对《无证之罪》制片人齐康采访整理而成,齐康先生

---

①　麻哥:《专访爱奇艺市场副总裁陈宏嘉:〈延禧攻略〉霸屏背后的营销攻略》,麻辣鱼,2018-08-20,https://mp.weixin.qq.com/s/b_RKFfKvDf6tzbp3I4m5Yw。

②　岛田庄司:《岛田庄司的神秘教室》,北京,测绘出版社,2013,转引自徐沈杨:《日本"新本格"派推理的唯美主义倾向》,载《湖北工业职业技术学院学报》,2015:82。

从青年人的创作启动、网络剧集的创新方法及网络剧未来的创造走向等方面对《无证之罪》的设计与创作经验相关问题作出了回答。

（一）创作启动：选剧本

从整体角度来说，青年人刚开始接触剧情类产品的创作，其原始的着力点可能是故事中某一个打动他的人物，也可能是剧情中的某一个事件，要注意到最打动自己、最能激发创作欲望的重点。能够打动创作者的故事核心，往往也能引起大家的共情和共鸣。比如《无证之罪》中郭羽逐渐黑化的过程，映射了当代年轻人的心理困境；电影《亲爱的》中丢失了孩子的无力感，想必也能触动观众的同理心。这也是在最初选择适合自己的作品进行创作时的一个方法。

以制片人的专业性发展为例，需要一个宏观的、类似于产品经理的工作思路。从产品的研发到生产制作，再到最后的推广和营销，这是一个大制片概念。刚入行的时候，可能只是制片公司的一个助理，或者是执行制片的角色，只能够做一些很基础的工作。这些很基础的工作，虽然前期可能并不关键，但是在逐渐成长的过程中，当你越来越深入内容本身的时候，可能某一次特别的交流就会使你进入一个新的阶段，产生新的认同，而这一切的基础是需要循序渐进的。

除此之外，青年人进入剧情类产品创作时，还需要提高自己的服务意识，不断地接收信息，同时打开眼界，提升思想认知的高度，通过表达得到反馈，反思自身的位置，回溯自己成长的过程，最后选择一条比较明确的路，确定自己是否能够成为一位合格的制片人。通过不同的职业入口成为制片人之后，职业状态依旧需要持续的积累，同时，也要避免行业误区。作为制片人，需要在精神和物质上统筹剧组的整体。在物质上不要违反经济规律，在精神上把控创造力和凝聚力，使得整个剧组能够在作品的基础上共同成长。整个创作团队就类似于一支球队，制片人面对不同的类型和题材，需要选用不同的打法或者战术，选好每一个位置的归属，不断地去调配：摄影可能是个前锋，编剧可能是个后卫，这就是所谓的团队作战的一个状态。建立好团队，选取好战术，才能在面对诸多对手时获取较大的取胜概率。

（二）创新方法：微创作

目前我们所讲的网络剧范围内的创新，基本都属于微创新或者是所谓的相对创新，还需要向国外的优秀影视作品进行对标。在进行创新之前，我们需要审视自己，量力而行。首先判断我们自己的思辨能力、审美能力、讲故事能力和操作能力到底能到什么程度；然后先看同行业的水准，同类剧大家怎么拍；最后确定下限和上限，看看国外最好的同类作品的拍摄手法是什么样的,我们就在这两条线的浮动值中找出自己能够达到的最好且最合适的位置。一个作品,在上述这些研讨的过程当中,会逐渐确定影调、结构、质感等,作品的风格也会更贴合导演自己的能量场。在这些层面上,就已经涉及创作本身了。

比如说《无证之罪》,首先从类型上,大家都在做本格派推理,而《无证之罪》剧组则更加注重现实主义的呈现,选择了社会派推理。这其实就是一个微创新,大的范畴仍旧属于推理,只不过从另一个类别的角度来进行叙事。这种叙事方法在英美剧、日剧中都是比较常见的。其次在拍摄方式上,以往的剧集创作中惯用单元故事,而《无证之罪》则讲了一个贯穿始终的故事,这是差异化,也是创新。最后,确定好内容创新的方向之后,则是在视听语言方面的创新。《无证之罪》在画面呈现方面试图向电影化的方向靠拢,借以提升画面整体的质感;事实上,这部作品在创作之初曾经考虑过做成电影,因此将电影风格融入网剧模式中,借由电影视听语言的美感和剧集叙事的细致流畅,用二者的长处塑造出这样一部好口碑、高质量的作品。在每一个单独的点找区别,而不是一味地试图从整体上颠覆,用差异化的微创新来满足观众对"新"的需求,是当前青年人进行创作创新的一个比较稳妥的方法。

(三)创造走向:呈现自我

从一个青年学生的角度来看,为了在自己的作品中实现自己的创作诉求,首先,得明确这个产品卖的是什么。剧情类产品卖的是内容,卖的是故事。而故事是怎么讲的呢?无论网剧、电影还是电视剧、网大,是通过视听来讲故事的。就故事本身而言,当它成为商品,需要让观众愿意消费,则必须具备一些元素,这是其成为产品的基础。以做菜来打比方,好的视听语言、强大的视觉冲击力、引人入胜的情节,是作为一道菜的色、香、味存在的,而我们要表达什么,则是这道菜的营养价值。对于大多数普通消费者而言,他们的第一诉求并不是营养,而是需要先满足色、香、味。产品是一个道理,先要在作品的呈现上满足观众的要求,然后再去有所表达。

其次,表达也需要注意结合故事的内容来进行选择,需要依据类型题材,在类型题材里面融入一些所谓的思辨。比如制作一部爱情片,想在里面思辨友情,表达对于友情的理解,这是不可能的,这些必须得在爱情片的维度里边去思考。《无证之罪》讲述的故事中,一个前法医因为丢了妻女无力诉求,没有破案的方式,法律没有给他一个支撑,他需要自己去追凶,通过杀人的方式寻人。在这个过程当中,创作者可能融入的表达是什么?第一是亲情的关系,对于亲情的理解是什么样的;第二是法律上的思考,即使法律真的不支持你,你真的能用法外制裁的方式去惩戒吗?这样的做法对吗？《无证之罪》强调社会关系和人性自身的变化，丢失了亲人后社会关系的错综复杂和人性的挫折与扭曲，也是本剧表达的一个重点。

三、电影《流浪地球》的设计与创作案例

2019 年春节档的竞争相当激烈，在这个档期上映的电影中，既有功夫巨星成龙担任主演的《神探蒲松龄》，也有在一代人心中烙下喜剧印迹的周星驰重塑经典的作品《新喜剧之王》，还有近年来颇受银幕偏爱的沈腾，他与韩寒合作出演了《飞驰人生》，与黄渤联袂出演了《疯狂的外星人》。在如此强劲的竞争态势下，科幻片《流浪地球》以一骑绝尘的姿态超越了所有对手，截至 2019 年 2 月 19 日，这部影片的票房已经突破了 40 亿元人民币大关。《流浪地球》是由中国电影股份有限公司、北京京西文化旅游股份有限公司、北京登峰国际文化传播有限公司、郭帆文化传媒（北京）有限公司等共同出品的科幻电影。该影片根据中国科幻作家、雨果奖得主、"三体"系列作者刘慈欣的同名小说改编而来，故事发生在 2075 年，讲述的是在人类遭遇太阳毁灭的生存危机之后，为求自救而孤注一掷，开始了带着地球逃往新星系的"流浪地球"计划。然而在逃亡过程中，由于木星引力问题，不仅地球上的人类出现了巨大的生存危机，就连地球的存亡也是危在旦夕，由吴京饰演的中国航天员刘培强和自己留在地面上的亲人一同努力，为人类的生存力挽狂澜。本部分从这部电影中基于导演身份的创作与制作等角度，对电影作为剧情类产品的设计与创作问题作出阐述。

（一）用行动赢得信任

郭帆这位青年导演，相信对于大多数中国电影观众来说并不熟知。事实上，在《流浪地球》之前，郭帆导演的电影作品只有《同桌的你》《李献计历险记》这寥寥两部。然而在 2015 年，也就是《同桌的你》上映的次年，这位年轻的"80 后"导演便开始显露自己事业上的野心。他将自己的下一部作品定位在科幻电影上，并且试图在影片中将自己的世界观展示给观众。在一次采访中，他曾经表示，他要在电影中呈现的世界观，早在 2007 年就已经进行构思了。个人对于科幻电影的喜好，使得导演不可抑制地向这个题材靠拢；并且相较于美国已经发展成熟的科幻类型片电影工业，中国在科幻电影上的空白，也是使他坚定信心的一个重要因素。在那次采访中，郭帆还表示："《星际穿越》我特别喜欢，倒不是因为它的剧作，而是我惊艳于它科学上的严谨，比如黑洞形态的刻画基本上接近理论中的形态，我觉得应该拿出这种精神来做电影，不要忽略电影中的每一个细节，觉得没有关系没有人会在意这些东西，其实你要对得起你

的内心。"①

　　毫无疑问，作为一位青年导演，郭帆是非常之努力的，他保留着为自己执导的作品作总结的习惯，就《李献计历险记》和《同桌的你》这两部作品，他分别作出了 3 万字和 4 万字的总结记录，用来反思自己导演过程中所出现的不足，以及相应的改进方法；同时他借此机会，记录下自己的学习心得，以及在之后的作品中可以使用的经验，以期能够在之后的作品中得以实现。即使如此，郭帆也坦承，在执导《流浪地球》的过程中，最大的危机依旧来自外界对自己的质疑。

　　在《流浪地球》之前，郭帆与科幻相关的履历实在是少之又少，因此，当这部如今看来注定会在中国电影史上留下姓名的电影找上这样一位年轻导演的时候，几乎所有人都持怀疑的态度。郭帆接受采访时也直接告诉记者："他们都在怀疑，凭什么是你来做这件事？你有什么能力？你需要去证明自己，获得信任，那是一个长时间的过程。"②

　　郭帆没有退缩，尽管他面临着巨大的压力，但是自己对于科幻电影的热情，使他最终坚持了下来。郭帆热爱科幻电影，尤其是到好莱坞参观后所获得的从体验到内心的震撼更加坚定了他的信念。《流浪地球》从打磨世界观开始，光是概念设计图就制作了 3 000 余张，分镜头则有 8 000 多个。郭帆本人事无巨细，对每个环节都是亲自把关，并且想尽一切办法，为这部完全属于中国人的科幻电影打造出最好的呈现方案。特效画面技术因为种种因素而显得差强人意，他就从情感方面打磨；涉及任意一个和航天技术相关的问题，郭帆也会亲自向专家请教并进行进一步的论证。在这个过程中，郭帆也用自己的诚意打动了演员吴京，用郭帆自己的话说，对于这样一位有着现象级代表作的演员，能够加盟到这部影片之中，他自己是非常感激的。而吴京对这部此前备受质疑的影片的肯定，无疑也为奋斗中的郭帆注入了一针强心剂。自从 2015 年接下这个任务开始，郭帆用自己的诚意和努力，消除了团队的质疑，最终将这样一部作品带给了全国观众。

　　得到团队本身的认可只是其中一方面，电影最终是否能得到大众的认可则又是另一方面。在电影点映的时期，郭帆的内心一直都是十分忐忑的。他在点映的影厅里，暗中观察着观众们的反应，小心翼翼地收集观众的表情。对于郭帆来说，他对这

　　① 艺恩网：《导演郭帆：用调研和科学的态度做电影 将拍科幻片》，转引自 1905 电影网，2015-02-13，http://www.1905.com/news/20150213/859340.shtml。

　　② 凤凰网娱乐：《导演郭帆：拍摄〈流浪地球〉遇到的最大困难是信任》，转引自新华网，2019-02-10，http://ent.ifeng.com/c/7kAl6K9nOnw。

部电影的期许,其实只不过是"不要太差",在他看来,只要能够让中国的科幻电影有做下去的信心就好。万幸的是,点映获得了成功,而后公映并在春节档中杀出重围,所获得的票房成绩也说明了一切。

(二) 剧组中的分工与合作

在《流浪地球电影制作手记》一书中,作者用了这样一个词组来形容《流浪地球》的导演组:疯狂生长。[①] 的确,对于在探索未知的科幻片来说,导演组如何将这部意义非凡的电影引向正确的方向,出色地完成制作,是最大的难题。因此,为了完成这个艰巨的任务,导演组只能在这个过程中拼命汲取养分,疯狂生长。

对于一个导演组来说,首先需要面对的是岗位的分工问题,《流浪地球》的导演组首先研究了西方电影工业的分工模式,力求能够权责分明,细化范围,导演组的分工在拍摄过程中也进一步明确。但是在实践操作中,依旧遇到了许多问题。比如服化道导演,这个职位的一般工作是根据电影拍摄的进度,及时准备好服装、化妆、道具等,以确保电影拍摄的顺利进行。但是在《流浪地球》的拍摄现场,由于对科幻电影道具制作的不熟悉,大量的人力和时间被投入到服化道的准备过程中,而在现场跟进方面则无暇顾及,"最终服化道只有一个副导演,需要盯三四个部门",在摸索中完成了任务,但相对地,也获得了成倍的成长经验。

导演组内部必须对电影有着统一的想象,才能够将之传达给各个部门,所以除了"分"的问题,导演组还需要完成"合"。第一副导演周易说,导演组不是剧本创作者,是剧本的翻译者。"首先是导演给我们讲对整场戏的理解,然后是副导演团队反馈,每个人负责一部分。从道具完成、环境气氛营造到演员、副导演的调度,是一个非常细致的执行。"[②] 科幻电影比起一般电影,理解掌握剧本的难度要更大一些,不仅需要调动对未知世界的想象,还需要对科学严谨的理解,并且这种需求不仅仅针对演员,在拍摄现场的各个部门都需要对剧本有深刻的认知,需要知道什么时间在哪里会出现什么,需要知道晨昏线和气压的镜头设计是不是符合自然规律,这些对于从业人员的素质要求都非常高。

导演组组内的统筹,也为这部电影的顺利运作提供了强有力的保障。不同部门的导演横向上黏合一场戏所需的所有组成部分,纵向上也要兼顾部门运转的先后顺序和场次与场次之间的转移配合问题,"比如雪景铺好了,什么时候吊灯,什么时候挂

---

① 朔方等:《流浪地球电影制作手记》,76 页,北京,人民交通出版社,2019。
② 朔方等:《流浪地球电影制作手记》,78 页,北京,人民交通出版社,2019。

绿幕,几个部门能不能同时进,一旦拍起来了就得马上考虑下一场(甚至是明天)的拍摄准备"①。各个部门的相互理解和配合,也是这部电影能够在计划内运作的关键之一。

四、剧情类游戏的设计与创作案例

对于经常玩游戏的人来说,"完美世界"这个名字一定不会陌生。作为国内首屈一指的游戏公司,完美世界不仅拥有《完美世界》《武林外传》《诛仙》《神雕侠侣》等在游戏爱好者之间颇具口碑的国产游戏作品,还在影视界出品了如《香蜜沉沉烬如霜》《烈火如歌》《天意》《思美人》等优秀的影视剧作品。时至今日,完美世界对于游戏和影视两部分的把控力已经使它成为国内著名的影游综合企业,在剧情类产品的综合生产方面拥有不可忽视的话语权。

目前,完美世界积极谋求在游戏中贯穿"年轻化"的战略思想。在 2018 年 8 月 2 日召开的 2018 年中国国际数字娱乐产业大会上,完美世界 CEO 萧泓博士更是将"年轻化"的理念作为公司接下来发展的重要方向,他表示:"随着新娱乐时代来临,发展的原动力来自如何满足年轻一代新新人类的消费新需求。第一,年轻为先:如何给年轻用户这一主流消费群体提供最佳的娱乐体验和选择,是文娱产业与时俱进的动力;第二,内容为王:无论时代如何变化、技术如何发展,文娱产业的核心仍然是打磨精品。"②

(一)关注年轻人的世界

针对向年轻用户提供符合其群体审美的作品这一要求,完美世界在创作中非常注重在新作品的推出计划里迎合年轻受众的品位,跟随年轻化发展趋势,深入了解年轻文化的消费特点,制作出了一系列年轻化的游戏产品。

完美世界对于原有的游戏做出了年轻化升级,在原有的金牌游戏《诛仙》《武林外传》等基础之上,对游戏的形式和剧情等都作出了调整,增强了游戏的互动性,加入了更多年轻人喜爱的元素。尤其以手游《武林外传》来说,不仅在故事设定上以经典剧集《武林外传》作为故事背景基础,在游戏体验上继续增强,满足老用户、争取新用户,还在其中加入新的单元。比如,在 2019 年新年时期,游戏就开放了"庙会"这一环节,玩家可以在其中体验春节相关的活动,如观灯、猜谜、吹糖人,并在其中的虚拟角色引导下完成任务,获得奖励。另外,作为产品,《武林外传》在后期的营销上做足了功夫。

---

① 朔方等:《流浪地球电影制作手记》,81 页,北京,人民交通出版社,2019。
② 完美世界:《完美世界 CEO 萧泓:年轻为先 内容为王》,完美世界新闻动态,2018-08-03,http://www.wanmei.com/wmnews/wmnews2018/20180803/213368.shtml。

2018年6月,《武林外传》手游邀请了刚刚获得巨大流量的新晋男子偶像团体NINE PERCENT进行代言推广,在游戏中设置偶像主题日,利用粉丝的集聚效应,为游戏吸引了符合其游戏受众年龄层定位的跨圈新用户。此外,完美世界在新开发游戏的定位上,也向年轻化的题材靠拢,在核心的原创策划方面,选择年轻观众更易接受的题材和游戏模式。在完美世界的游戏观念中,谁赢得了年轻人的青睐,谁就能够在未来的游戏世界中取得主导的权力。

(二)影游联动,内容制胜

完美世界拥有的影视板块近年内的走势也一直被行业看好,比如,其推出的网剧作品《烈火如歌》,改编自知名言情作家明晓溪的同名小说,讲述了上古时代烈火山庄继承人如歌与银雪、战枫、玉自寒经过纠葛和血泪,最终拯救天下苍生的故事。作品在优酷独播之后,累计网络播放量超过78亿次,1个月时间流水破亿,迪丽热巴、周渝民等知名艺人的加持也为剧集带来了足够的热度。之后,以《烈火如歌》剧集为蓝本改编的同名手游也及时上线,忠实于原著的剧情,以完美世界丰富的游戏制作技术为保障,为游戏玩家和小说、电视剧粉丝打造了一个真实、动态、开放、贴近原著世界观的新武侠大世界。这样一个IP联动开发的做法同样也是完美世界的战略之一——好的内容值得制作,也值得继续延展。

当然,完美世界对于优质IP的使用,也不仅仅在于一个IP以多种模式开发;在一些微观的方面,也利用剧情的植入和互动,产生了影游联动的效果。例如,在2018年玄幻剧《香蜜沉沉烬如霜》热播期间,完美旗下的游戏《诛仙》手游就与《香蜜》深度合作,在手游中增加了与电视剧相关的隐藏剧情,玩家可以在游戏中与自己喜欢的主角相遇,穿上与主角同款的装备,使用一样的法宝,在游戏中弥补一些电视剧里不能实现的遗憾,探索一些基于电视剧发展而来的新剧情。作为剧情类产品来说,二者的合作是互利的,不仅加强了影视剧作品的粉丝黏合度,也加强了游戏的互动性、新的玩法和章节。除此之外,《香蜜》还和另一款游戏《梦间集》进行联动,在游戏中加入了联动活动"鸾凤朝阳",将《香蜜》中男主人公火神旭凤的护体法器"寰谛凤翎"拟人化为游戏中的新角色,搭配新的游戏背景和头像框等,与剧中角色进行关联,带领玩家体验与《香蜜》中凤凰一族相关的传奇故事。

2013年8月,习近平总书记在全国宣传思想工作会议上鲜明地指出要"讲好中国故事,传播好中国声音",此后又多次阐释"讲好故事,事半功倍"的道理。剧情类产品的设计与制作,最需要的还是一个好的"中国故事",只有将中国自己的故事多讲、讲好,做好这个核心,才能使各个平台、各个类别的剧情类产品达到其应有的质量与高度。

第六章

非虚构纪实类影视产品的设计与创作

第一节 什么是非虚构纪实类影视产品

一、纪实类影视产品

简言之,人们通常所说的纪录片就是纪实类影视产品。在拍摄介质是电影胶片的时代,它被叫作纪录电影,比如中央新闻纪录电影制片厂的《新闻简报》[①]《蛇口奏鸣曲》《周恩来外交风云》等;在拍摄介质是录像磁带的时代叫作电视纪录片,像《丝绸之路》《望长城》《话说长江》《大运河》《科教兴国》等;在以数字信号为主流介质(如数字卡、光盘、硬盘等)的今天叫作纪录视频,像《风味人间》《人生一串》《历史那些事儿》等。以纪录真人真事为内容的影视产品仍然可以统称为纪录片。随着纪录片内容、样态和传播模式的扩大,传统纪录片的定义已经不足以涵盖所有以真实为前提的影视产品,于是就有了"纪实类"这一更加宽泛、边界更加模糊的说法。

图 6-1 《新闻简报》　　　　　图 6-2 纪录片《话说长江》

图片来源:网络截屏

---

① 《新闻简报》诞生于 1949 年,是用电影胶片拍摄的新闻,每周一期,每期约十分钟,放在电影故事片开映前十分钟,俗称"加片",曾是国人集体收看的"新闻联播",内容涵盖了政治、领袖、外交、生活、百姓、民生、城市、科教、体育等各方面。

图 6-3 纪录电影《蛇口奏鸣曲》光盘封面

二、纪实与非虚构的异同

一直到 21 世纪初,非虚构娱乐节目这个说法在中国都很陌生。但是很快,随着美国探索频道的盗版光盘流行于中国大城市的街头巷尾,"Discovery"的频道角标也出现在一些省市电视台的引进节目中,中国观众看到了一种样式新颖的纪实类节目:人文、科技、自然等不同题材,像看故事一般雅俗共赏。中国的纪录片、科教片创作者开始躁动:"我们为什么不能拍摄出同样的纪实类节目?"于是,探索频道的制作人被请到中国来讲座、交流、研讨,中国的制作人们第一次听到了"非虚构娱乐节目"这个词。

图 6-4 美国 Discovery 频道标识

"虚构"是指故事情节、人物设置都建立在虚构基础上的作品,比如小说、叙事诗、戏曲、剧情电影(即故事片)、电视剧等。即使有人物或故事原型,只要主要情节有虚构成分都被视为"虚构类"。反之,主体内容建立在真人真事基础上的艺术创作则可以视为"非虚构类",这也正是纪录片的基础。那么,何不直接叫"真实类",大家岂不更容易理解?纪录不就是对真实事件或人物的记录吗?仔细想想,"真实"与"非虚构"还的确是有不小差异的。从二者的内涵上看,它们确实相同或近似,但外延就明显不同了。"真实"是相关的人物、事件毋庸置疑,"非虚构"则在真实基础上允许有细节的想象空间,允许有合理的推理与假设。所以严格的"真实"更适合对传统纪录片的界定,而"非虚构"则包括所有以真实为基础的节目样态,比如动物类、科技类、谈话类,甚至"真人秀",类似我们今天所说的"纪实类"。这些内容,后面我们还会详加分析。

三、要真实还是要娱乐

探索频道在"非虚构"后面又加上"娱乐节目"四个字,似乎与纪录片的概念脱离得更远了,其实不然。首先,它所说的"娱乐节目"不等同于唱歌跳舞,并非我们一般理解的文艺节目;之所以叫"娱乐",是由制作节目的出发点决定的。西方国家的影视媒体把影视节目看作商业产品,许多著名的媒体平台都是私立的,像美国著名的三大纪实电视平台——国家地理频道、探索频道和历史频道都是私有的,甚至著名的新闻台 CNN 也是私有的。私立电视台的最大经营目标是追求利润。而中国的影视媒体最大的功能是宣传教育,宣教是以社会效益为首要目标,只要有宣传意义,不赚钱也没关系,这在绝大部分西方媒体看来是不可想象的。近年来中国经济实力增加,吸引了不少西方媒体来中国合作制作纪实类节目,从选题、投资、制作到发行,它们的第一原则就是不能亏本。再好的选题,只要不能确保赚钱就宁可不做。因此,它们要赚钱,观众当然越多越好。观众越多,收视率高,就越能吸引广告商,钱自然就源源不断。在这一方针指导下,观众爱看什么,就给他们什么。观众累了一天,精神好不容易放松下来,不想坐在沙发上还要受教育,只是想轻松和娱乐。于是,即使是纪实类节目,即使是严肃的纪录片,也要会讲故事,要好看,简言之要有很强的娱乐性。既然如此,它们干脆舍弃"纪实"两个字,直接叫"娱乐节目"好了。

其次,既然"娱乐节目"不是唱歌跳舞,只是纪实节目的娱乐性,就和我们所说的纪实节目并没有非此即彼的冲突。尽管我们的纪实产品有很强的宣教目的,我们仍然有句名言叫作"寓教于乐"。教育不等于说教,不等于教科书的照本宣科,既要通俗易懂,又要潜移默化,如果让观众看得哈欠连天、昏昏欲睡,又如何达到宣传教育的目的?何况影视媒体与观众不是强制性关系,观众的业余时间可以自由支配,每天电视上有几十个频道同时播放,观众不喜欢看,手指轻轻一动就换台了。有机构曾经做过统计,一个年轻观众每晚平均 7 秒钟就换一次频道,后来他们干脆不看电视了。这就是为什么电视节目中的综艺节目、影视剧更受欢迎,即使一些影视明星文化素养不高,甚至人品也被诟病,但只要他们一出场,收视率就上涨。今天我们已经进入网络时代，观众更从被动选择进入主动选择，在电脑或移动终端上，观众想看什么就去找什么，选择范围从几十个频道扩大到成百上千的网址，只要他看过某类节目一两次，有大数据支撑的平台就会紧随其后，主动给他推送他想看的类型，传统电视机也都增加了网络功能。所以西方媒体早就喊出了一句残酷的口号："不娱乐，毋宁死。"

尽管这口号按照我们的标准是犯了绝对的方向错误，但前些年连最主流的媒体平台都把收视率排名当作节目制作的指挥棒，纪录片也张口闭口"讲故事"，虽然大部分制作者并未掌握讲故事的技巧，但也形成了某种共识——不会讲故事的纪录片不是好纪录片。尤其在网络平台和自媒体飞速发展的刺激下，收视率又以"点击率"的新说法对纪实节目创作者产生着近乎无奈的作用。这种无奈又源于一种尴尬，我们的纪实节目既商业又不商业，既与市场无关又脱离不了市场。就是说，如果为了宣教，就不要向广告商、向市场弯腰，国家为纪实类节目提供了充足的创作经费，为纪实节目创作者提供了一个体面的工作环境和生活空间，就像德国、法国一些公立媒体平台那样，不播广告，用纳税人的钱支持他们传播国家意志和正统价值观。如果让纪实节目完全走向市场，就不得不给予纪实节目以更加自由的创作空间，在国家法律法规允许的前提下，在全社会共同利益和大众公德的制约下，在追求积极向上的总体价值观原则下按照市场规律去制作纪实类节目。

总之，应该给予非虚构纪实类影视节目以更加细分和明确的定位，简言之，就是宣传品、作品和产品。

第二节　时政纪录片与直接纪录片

一、以宣传、教化为目标的时政纪录片

时政纪录片曾经被广泛称为专题片。由于它的政治色彩比较浓厚，不少纪录片创作者似乎不愿意接受这一定位，于是渐渐少提了，还是统一冠以纪录片的称呼，即时政纪录片。但随着中国宣传系统的越发自信，主流媒体平台和官方制作机构开始正大光明地宣称自己承担着"宣传喉舌"的重要作用。北京师范大学和中国传媒大学两个纪录片研究中心每年都各自发布一本《中国纪录片发展研究报告》（简称"蓝皮书"），虽然它们的内容各有侧重，但 2018 年的发展研究报告却不约而同地得出时政纪录片复兴为主流的结论。北师大版的发展研究报告对此类纪录片的描述如下：

"宣教型纪录片主要以专题片的形式诠释国家意识形态，弘扬主流价值观念，宣传教化民众，具有讲政治、高投入、大片化的特征。"①无论如何，此类纪录片都可以被看作是一种宣传品，比如，中央电视台制作播出的《一带一路》《不朽的马克思》《辉煌中国》《大国外交》《巡视利剑》《将改革进行到底》等。由此可总结出时政纪录片的几大特点：

（一）主题先行

专题，就是专门的主题，以宣传某一政治或政策导向为中心目标，主题自然是事先设定好的，甚至片名就是该片的主题，哪怕它就是一句政治口号，比如《一带一路》《将改革进行到底》等。此类纪录片必然要严格把握国家大政方针和发展方向。不仅主题，甚至段落层次、遣词造句，都必须以国家视角和政治口吻为标准，不允许有任何错误表述和曲解，以免造成观众的误解误读，更不能以所谓的艺术表达冲淡严肃的主题内容。政治把关是此类纪录片的第一要素，制作完成播出前，必须通过政府"重大题材审查小组"的审核。因此，创作者必须有高超的政治把握能力和严谨的表达能力。比如《巡视利剑》必须把党中央巡视工作的严肃性、重要性和政策性一丝不苟地展现出来，既不能蜻蜓点水，也不能以偏概全。

此外，时政纪录片往往还要紧密配合当年的重大政治节点。比如，2017 年是香港回归 20 周年，中央电视台就推出了大型纪录片《紫荆花开》、中央新影集团制作了《香江故事》；2018 年既是马克思诞辰 200 周年，也是中国改革开放 40 周年，中央电视台在马克思诞辰前一天播出了《不朽的马克思》，在 12 月初播出了《我们一起走过》和《四十不惑》等。

（二）政论体裁

时政纪录片以宣传政治为目的，以诠释论点为目标，因此它往往采用政论文的模式，开篇明义，摆出论据，层层论证，最后首尾呼应，再加以升华。比如 10 集纪录片《将改革进行到底》，片头部分就展示出中国改革开放以来已经取得的种种成就，紧接着又摆出了我们目前仍然面临的种种难题，如发展不平衡、人口老龄化、资源环境承载极限等，以及全世界面临的各种挑战，于是提出了中国如何进一步发展的"时代之问"。这是政论文的"设问"手法，片名也告诉了我们答案——"将改革进行到底"。只不过在设问提出后，全片用整整 10 集片幅从各个方面论证坚持改革的重要性和必要性，每个论证过程都有大量的事实作为论据逐渐向"坚持改革"的论点汇聚。到了最

---

① 张同道、胡智锋主编：《中国纪录片发展研究报告》，93 页，北京，中国广播影视出版社，2018。

后一集结尾,解说词以一句"改革永远在路上"实现了首尾呼应,并以习近平总书记的一段讲话作为全片的升华。

(三)寓教于乐

时政纪录片一般是不具有任何娱乐成分的,连雅俗共赏、赏心悦目都很难做到。但无论宣传者还是创作者都明白,板着面孔高高在上是很难抓住观众的。如果让此类纪录片变成真正的小众纪录片,就完全达不到宣传目的。因此,要让观众易于接受,就必须走下神坛,打破隔阂,感动人心。近年最见效的做法,就是选择老百姓感受得到的、身边活生生的案例,以普通人的故事作为论据,获得观众对论点的理解与认同,明白政治不仅是政治家的事,也关乎老百姓一点一滴的生活。比如《香江故事》,香港回归的历史意义和政治意义说起来完全可以长篇大论,但普通观众经常在媒体中看到香港不够和谐的一面,为"港独"分子的疯狂举动而气愤,何以证明香港回归是利国利民、众望所归的历史壮举呢?大道理不仅显得苍白,而且难以服众,于是创作者把视角放到在香港工作和生活的普通人身上,他们平平淡淡、默默无闻,有艰苦创业开照相馆的年轻人,有帮助残疾人找工作的志愿者,有到处收集古代地图的老人,有教授少年儿童舞蹈艺术的老师等,他们的一举一动既体现出香港老百姓的积极进取与执着追求,也反映出香港回归给他们带来的新机遇、新变化,使全片不仅主题鲜明,也好看耐看。

二、以表达创作者价值取向和艺术追求为目标的直接纪录片

"直接纪录片"源于 20 世纪 60 年代美国的"直接电影"(Direct Cinema)概念,而提出这一概念的正是纪录片人。他们把摄影机(就是纪录片拍摄者)比喻成"墙上的苍蝇",对拍摄对象不进行主观的干扰与组织,只是旁观地记录,所谓"壁上观"。目前最被国人熟知的"直接电影"代表人物就是美国纪录片大师弗雷德里克·怀斯曼,作为 2017 年奥斯卡终身成就奖获得者,他对中国直接纪录片的引导与传播做了大量工作。受"直接电影"的影响,中国的纪录片创作者从 20 世纪 80 年代末开始就拍摄出不少类似风格的纪实作品,像吴文光的《流浪北京》,康健宁、高国栋的《沙与海》,段锦川的《八廓南街十六号》等都产生了广泛的社会影响,成为中国"直接纪录片"的旗帜。"直接"被看作是最直接的真实,它最反对的就是所谓"导演",即引导与表演;只需漫长地等待,静静地观察,忠实地记录,就派生出与其他纪录片完全不同的形态。

(一)无解说或旁白

解说也称旁白,是编导撰写的,即所谓的解释和说明,目的首先是让观众看懂,其

次是达到撰稿者的传播目的。旁白虽然似乎不介入画面语言的表达逻辑,但仍然是引导性的,因此一定会暴露出旁观者的观点都是主观的、加入第三者理解的,自然就是不"直接"的。而"直接"的做法,就是让片中人物直接地表达,所谓"同期声"。连采访都不要,因为采访者的存在就是对拍摄对象的诱导与编辑。任何采访都不可能没有裁剪,而裁剪就是断章取义,就不够"直接"甚至不真实。比如《八廓南街十六号》,全片没有一句解说词和采访,片中的人物语言都与拍摄者无关,是真实的生活对白和语言流露,创作者甚至极端到连音乐也不要。音乐虽然不是语言,但它仍然是人为的声音,是主观营造出来的情绪表达。因此,观众难免会有沉闷、压抑的感觉,但这正是拍摄者要传达出来的"真实"气氛。不过,没有解说与旁白,仅仅靠画面和片中人物的语言,要准确、完整地表达创作意图,对创作者来说是一个非常大的挑战,只有适合的内容才适合采用如此"直接"的手法。比如,获圣丹斯电影节评审团大奖提名的纪录片《天梯:蔡国强的艺术》一片中,除了人物对白和独白之外,片子的特定内容为现场音效提供了得天独厚的支持,那就是震耳欲聋的烟花爆炸声响。全片虽然没有解说词,但大型烟花阵列的一次次爆响,几乎从始至终回荡在观众耳边,结合五彩缤纷、令人眼花缭乱的画面,把观众的视觉与听觉感官全部占满,对白与独白反而成了相对安静的声音线索,高低错落,此起彼伏。热闹、好看,使这部艺术感很强的纪录片同时具备了很强的商业气质。片尾高潮的"天梯"片段甚至成为当年在手机上十分流行的中秋贺岁视频。

图 6-5　纪录片《天梯:蔡国强的艺术》海报

图片来源:网络

　　再比如大型自然与人文纪录片《天地玄黄》(Baraka),在 90 多分钟的片子中,容纳了六大洲 20 多个国家的山川物产、民族文化,以及宗教、政治、城市、生产等,可谓包罗万象、震撼人心。但最令人瞠目的是,这样一部用 70mm 胶片拍摄的鸿篇巨制,居然没有一句解说词,没有一句人物独白,甚至几乎没有现场声。视觉冲击之外,声音部分灌满了悦耳动听的音乐,即使有一些风声、瀑布声、喧哗声等,也都是全景性、气氛化的声响。按惯例,没有解说词,总该有些简要的字幕提示吧? 没有,一概没有,连最基本的国名、地名信息也没有。创作者好像故意要打乱人们按顺序对号入座的习惯,连画面编辑也摒弃了以地域或类别进行分段的传统方法,时而亚洲、非洲,时而自然、人文,然后又回到亚洲,再跳到欧洲,乍一看全是乱的、随机的,好像编导想起什么就编什么,跟着音乐走,完全没有内在逻辑。所以有评论说,这是一部最庞大的猜谜纪录片。在有些中文版中,译制方甚至好心地在画面上标注出地名,以协助观众看明白。人们不禁会问:创作者到底要干什么?没有答案,似乎在说:只能意会,不能言传。于是有人猜导演有意要打破国界、地域、文化、宗教、历史、现实等的人为界限,把地球和人类看成一个整体,这就是我们共同的家园与资源,共同的进化与文明,共同的财富与贫穷。他不用说什么,你只要看、只要听。当你被视听的画面与音乐震撼时,就自然会思考。能和创作者产生共鸣最好,想不到一块儿也没关系,仅仅看着那些壮美、诗意的画面,听着悠扬、宛转的音乐,就足以是一种精神大餐般的享受了。这部纪录片的摄制组人员极少,却把大量成本投入到摄影和音乐上。用 70mm 胶片拍摄,就是要突出它的视觉效果,使之适合在巨幕影院观看,即使在今天的数字时代也不

图 6-6　纪录片《天地玄黄》海报

图片来源:百度百科

落伍。而该片的音乐制作也堪称经典,从单一配器到交响合奏,从效果性音响到气氛性音乐,都是对画面内在灵魂的配合与揭示。难怪有机构评价说这是一部近几十年来最伟大的纪录片,也有人干脆说它是一部音乐片。

(二)固定画面与长镜头

既然不能让观众感觉到拍摄者的存在,摄影画面就不能有推拉摇移的运动镜头,比如拍摄对象因情绪激动而落泪,一般摄影师通常的做法是把镜头推上去,推到观众足以看清流出的眼泪,以此来突出人物的情绪变化并引起观众的情感互动。但直接纪录片绝对不会如此人为地造势,只是让画面一动不动地远远观察。

同时,为了避免画面剪接带来的主观色彩,直接纪录片常常采用长镜头手法,一个镜头短则几十秒,长则数分钟。观众必须耐着性子看下去,一不留神就可能昏昏欲睡,但只要静下心仔细地看下去,一定会产生自己的感受,尽管每个观众的理解不同、结论不同,但这不正是人们面对大千世界产生的真实反应吗?世界是客观的,它们进

入人们的感知器官也是基本相同的,但每个人的生活阅历、知识层次、性格特征、情绪状态等又是不同的。因此,当外界的客观信息进入人的大脑再反馈出来时则是五花八门,甚至截然相反的主观认知。这恰恰是"直接纪录片"创作者追求的目标。

不过,再长的镜头也不可能没有剪接点,再长的纪录片也不可能没有时长的限制,迄今有记录的最长电影《治疗失眠》达到惊人的 87 小时,没有情节,只是一个人在朗诵诗。不知道有没有人在 3 天半时间里不合眼地把片子看完,这倒很符合《治疗失眠》的片名。中国导演王兵拍摄的著名纪录片《铁西区》长达 9 个小时,但它其实分为三大部分,是一部系列片。即使 8 个小时一镜到底的纪录片《帝国大厦》,也有结束的时候。它为什么只拍这 8 小时,而不是另外 8 小时? 为什么只选取这一角度、这一景别,而不是另外的角度和景别? 因此,只要有选择,就不可能完全没有主观,就不是完全的客观。所谓"直接纪录片"也只是相对的"直接"。即便如此,由于枯燥乏味、冗长晦涩,这类纪录片的观众一定是极其小众的,更多的是一种执着的主观追求和作者反思,甚至是一种近乎偏执的艺术探索,而创作者大多是独来独往的"独立制作人"。因此在中国,往往把"直接纪录片"与另外两大电影流派"真实电影"和"作家电影"混为一谈。

其实,长镜头作为一种创作形式并不能与"真实"画等号。美国著名悬念与故事大师希区柯克就曾经拍摄过一镜到底的剧情片《绳索》。它也是希区柯克拍摄的第一部彩色片,但其最大胆的实验却是没有分切的长镜头。要不是胶片片盒的限制(一盒胶片只能拍摄 10 分钟),80 分钟片长完全可以一个镜头拍下来,因为中间看不出任何剪接点。尽管事后希区柯克自己评价这是一次"愚蠢"的尝试,但它却获得票房的成功。因此,任何以固定画面长镜头的拍法来作为"真实"的标志都是不准确的,观众看到的,只是导演想让你看到的。不想让你看到的,导演不拍或者不编就是了。要看没有人为因素的真实,端一个板凳坐到马路边,日出日落,人来车往,或许什么都没发生,或许正好看到交通事故……没有导演,没有主题,没有剪接,不可预知,无头无尾,那或许才是最直接的"真实"。然而,眼见就一定为实吗? 我们看到的,往往只是表面的真实。一个道貌岸然的君子,可能内心阴险狡诈,知人知面不知心,只是你看不到而已。

(三) 客观中的主观

所谓"貌似'直接'",就是说看上去完全具备"直接纪录片"的特征,没有解说词和旁白,最多只有少量字幕交代时间、地点、人物、事件等;也看不出拍摄者对被拍摄对象的人为干预,加上偏长的镜头和平缓的节奏,看上去的确很"直接"。

然而这种直接已经不是纯粹的旁观或者简单的客观,创作者需要在"直接"中融入自己的价值评判,而且希望这种评判更直接地被观众感受到;换言之,就是更多考虑到观众。纯粹的"直接"一味地追求表面的真实,却在漫长拖沓的长镜头中令观众一头雾水,不知拍摄者的目的到底是什么。在现实中,人们的生活、工作大多数是平淡无奇、日复一日,最能反映问题本质的矛盾冲突往往只爆发在从量变到质变的几个点上。而这几个点到底会不会出现,在何时出现,出现时能否及时拍下来,对拍摄者来说都是很难预测的,往往长时间拍不到任何具有表现力的场景。曾经有一部纪录片拍医院急诊室,想拍到想象中的急救车、鲜血淋漓、生死一线、强心针加电击等场景,似乎不难,然而摄制组连等三天,偏偏都是些头疼脑热、平安无事,摄制组人困马乏、无所事事,只好收队等消息。不想人刚走,事儿就来了。赶回来,抢救又结束了。怎么办?安装探头,或者把摄影机给医生,影响了人家的正常工作,拍出来也未必理想。于是,貌似"直接"的选择性拍摄变得越来越普遍,说明性强的、生动的、热闹的、激烈的场景更多地显现出来。在"纪录片也要讲故事"的今天,"悬念引导""戏剧冲突"已经不是剧情片的专利。于是,导演的作用越来越明显,虽然他们仍然要坚持"真实"的原则,坚持"直接"的规律,把导演或摄影师藏起来,但那也是客观的外壳加主观的内核。

举两个成功的案例,就是范立欣导演的《归途列车》和焦波导演的《乡村里的中国》。《归途列车》曾经获得艾美奖最佳纪录片奖和阿姆斯特丹国际纪录片电影节最佳纪录片奖。它记录了中国四川省一户农民三口之家在广东打工的生活。导演巧妙地通过打工者每年春节都要乘火车回老家过年这一线索,把父母与女儿这两代农村人通过在城市打工改变生活状态、寻求未来发展的故事真实地表现了出来。其中既有工作的辛劳和亲情的维系,也有对未来的焦虑和观念上的冲突。父母进城打工的目的不仅是摆脱贫困,还想让子女受更好的教育、彻底改变命运。但女儿却不想继续读书,她同样想通过打工改变自己的未来。于是矛盾出现了,经过一个量变的积累,在他们一起乘火车回到家乡后,终于在年夜饭时从口角演变成动手,父亲掀翻了桌子与女儿扭打在一起。这时,女儿突然对着镜头大喊:"你不是想看真实的我吗?这就是真实的我,你要我怎么做?"她在对谁说话?谁要看真实的她?谁要她怎么做?观众或许不明白,但专业影视制作者都清楚,她面对的不是镜头,而是镜头后面的导演或摄像。是他们想看到"真实的"她,想拍到她"直接"地表现自己的想法和做法。一片混乱之中,录音师的话筒在画面中一晃而过,俗称"穿帮"了,这恰恰说明导演在拍摄纪录片过程中的引导作用。通过引导,不仅有了戏剧冲突,强烈地抓住观众的眼球,也自然而然地把创作者对农民进城的价值评判融入进去,引发观众的思考。而且这种引导并非违背"真实"原则,引导不是改变事实,更不是虚构故事,而是调动人物的表达,把内心真实的感受以语言或动作的方式展现出来,让观众看到、听到。

图 6-7　纪录电影《乡村里的中国》电影海报

图片来源:网络

《乡村里的中国》曾经获得中国电影华表奖、上海国际电视节"白玉兰"奖和广州国际纪录片节"金红棉"奖等。摄制组用了一年多时间驻扎在山东省一个小山村中,与村民们同吃同住,摸爬滚打在一起,渐渐消除了陌生感、隔阂感,为"直接"的拍摄打下很好的基础,村民们在镜头前的生活、劳作真实自然,毫不做作;各种矛盾、争吵也似乎无视摄像机的存在。全片由 3 条线索组成,错落交互:第一条是男女主人公的故事线,贯穿全片;第二条是村干部与群众的故事线,逐层递进;第三条是村民之间的故事线,零散穿插。每条线都充满对撞与冲突、矛盾与包容、争吵与理解,在看似错综复杂、剪不断理还乱的格局下,艰难地编织着故事进程,同时也让片中人物更加立体、鲜明,在改善生活与和谐相处的共同目标之下,最后终于通过一场乡村春节联欢会完美收关。这部片子原名《二十四节气》,时长两个半小时以上。如果坐下来心平气和地看下去,层层铺陈,喜怒哀乐娓娓道来,其实更加好看,也更富有艺术感。但有多少观众坐得住呢?于是最后公映的长度为 90 多分钟,许多铺垫、过渡和起承转合都被删掉了,留下的恰恰是一个又一个的矛盾冲突,片中人物几乎从头吵到尾。山东人性格刚烈直来直去,但中间又夹杂着幽默,令观众看起来酣畅淋漓。主人公杜深忠是村里唯一坚持收看中央电视台《新闻联播》的人，因为他有文化，在艰难满足温饱之外，总有一些精神追求。收苹果的季节，有了点儿活钱，就背着老婆买了把他并不会弹的琵琶拨弄。老婆知道了不高兴，嫌他乱花钱，一边干家务一边叨叨："一个穿着破鞋、破袜子的农民玩什么琵琶，又不当吃不当喝。"老杜忍着，偶尔回句嘴，再使劲拨出些声响试图压住老婆的埋怨。老婆反而越说越来气，老杜终于忍不住，站起来把琵琶对着老婆耳朵一通乱拨，嘴中说："对牛弹琴！"此时真是找不出第二个词比它更贴切，观众至此无不捧腹大笑，它不仅形象、生动，而且恰如其分地显示出老杜的精神追求从何而来。此时，两人的争吵声、琵琶声非常热闹，千万别有旁白，否则反而会弄巧成拙变真为假。

还有一个片段——过年前，村支书拎着礼品专门到一户反对自己的村民家拜访。进屋时主人爱答不理，继续剁着饺子馅。村支书讨好地搭讪着，试图缓解矛盾。村民不听，村支书越说他剁馅越起劲，刀刀落下，既要压住支书的话语，又在表达自己的怨气，村支书满脸尴尬。此时，看片的观众早已笑得前仰后合，笑声甚至也压住了片中的声音。该片在广州国际纪录片节展映时，有不少外国观众，尽管他们不懂中文，但仍然被吸引，因为人物的情绪表达是不需要语言就可以产生共鸣的。话说回来，导演的目的就是抓住观众，抓住观众就抓住了市场。尽管看完缩编后的《乡村里的中国》，观众可能错以为山东人过于好斗，似乎除了吵嘴就是打架，但他们开始打得越厉害，到片尾的乡村春晚上一同吹拉弹唱回归和谐，就越显得珍贵可敬。这正是中国乡村客观的真实，也是导演主观上要表达的真实。这就是选择性的"直接"，所以法国新浪潮电影的著名导演戈达尔认为，电影制作的创作阶段始于剪接，他主张的是所谓"主观的现实主义"。

第三节　媒体纪录片

一、广泛传播并得到市场的认可

所谓媒体纪录片，简言之就是适合媒体播放的纪录片。虽然在网络媒体蓬勃发展的今天，只要保证政治正确，不反动、不阴暗、不低俗，似乎谁都可以把五花八门的内容放到媒体上（传统官方媒体除外），但能放上去不代表适合放上去。既然媒体是创作者和观众之间的桥梁，媒体纪录片就是观众乐于收看的纪录片。在媒体平台越来越商业化的情况下，无论媒体还是纪录片创作者都希望得到观众或市场的回报，直接的表现就是票房、收视率和点击率，以及与之紧密关联的观众评分。尽管我们越来越强调纪录片的社会效益，但只要纪录片的创作和播出还对广告、会员、流量、电商等有强烈的依赖性，就不得不以满足观众需求为重要的创作标准，包括观众的信息需求、知识需求、娱乐需求、欣赏需求、休闲需求，甚至消费需求等。所以西方媒体才把纪实类节目更直白地称为"非虚构娱乐节目"，它们占据了纪录片类型的绝大部分，也是观众无论在传统媒体还是新媒体中最经常看到的部分。

媒体纪录片的核心，就是现在已经被创作者天天挂在嘴边的"讲故事"三个字，或者再通俗点就是"好看"，似乎不讲故事就不会拍纪录片了。连许多直接纪录片的拥趸者，嘴上还在否定任何影响"直接"的做法，但宣传自己的片子多么成功时，早就用上了票房数据，无论这数据的真实度有多高。然而到底什么是"讲故事"？小到哄一岁婴儿睡觉的讲故事，大到商场上忽悠投资方的讲故事，说出来的事就是故事？还是必须加上夸张渲染、添油加醋和故弄玄虚？这不是虚构类剧情影视的创作风格吗？所以它们俗称"故事片"。的确，纪录片讲故事就是吸收了故事片的创作手法，同时，故事片也一直在吸收纪录片的创作风格，比如曾经获得奥斯卡奖项的美国电影《拆弹部队》，真实到残酷。其实，从电影诞生的那一天起，故事片与纪录片就是相互影响的，许多故事片导演同时也是出色的纪录片导演，如中国的著名导演贾樟柯和2019年3月底去世的法国新浪潮电影先驱导演瓦尔达等。因此，问题的关键不在于"讲故事"，而在"故事怎么讲"。

二、纪录片"讲故事"的要素

（一）有故事的选题

虽然说无论什么样的选题，都可以拍出好看的纪录片；但毋庸置疑，很多选题先天就具备精彩"故事"的要素，像激烈的戏剧冲突、跌宕起伏的人物命运、一波三折的情节变化等。中央电视台最早探索故事化纪录片风格的栏目之一《发现之旅》，就是从历史考古类选题开始的。出于文物保护的需要，我们国家的考古发掘工作大多属于抢救性发掘，那些历史价值较高的古遗址、古墓葬正面临人为破坏，比如修路盖房、盗坟掘墓等，文物部门只好进行被动保护。有人为破坏，就有刑事犯罪，他们犯罪的目的是什么？犯罪的过程又是怎样的？这本身就具备了吸引观众的故事点。像网红小说《盗墓笔记》《鬼吹灯》等就抓住了这些故事点。另一大故事点，是古遗址、古墓葬所提供的谜团，它们的建造者或墓主人是谁？是否藏有大量金银财宝？他们又是怎么衰落、怎么死的？无论是关注历史的、痴迷玄机的还是喜欢收藏的观众，对这类题材不可能不感兴趣。《发现之旅》栏目因此制作了大量的考古题材，如《消逝的大河桥》《史前部落的最后瞬间》《凤棺迷魂》《海昏侯》等。另外像谍战题材，特工的地下工作、出生入死的紧张感、真假难辨的情色、错综复杂的悬疑等，即使在剧情类影视节目中，此类选题也占有很大的比例，像《007》《色戒》《潜伏》《碟中谍》《无间道》《罗曼蒂克消亡史》等不胜枚举。《发现之旅》栏目则制作了《隐蔽战线》《阎宝航》《消失在1945》《马背谍影》《枫叶红于二月花》等纪录片。从考古到谍战，从军事到动物，选题包罗万象，但却有一个共同特征，就是故事性。甚至有人认为，有了好选题，节目就成功了一半。中央电视台相关频道曾经根据收视率进行过统计，观众最为欢迎的前五类题材是战争武器类、大型动物类、历史考古类、刑事探案类和美食旅行类。无论如何，要讲好故事，首先要从选题抓起。

（二）结构、结构、结构

重要的事情说三遍。在人人讲故事的时代，却没有多少好故事，其实不是故事不好，是没讲好。各种文学流派令人眼花缭乱，电影流派也毫不逊色，但在媒体上，似乎一切都是"大众传播"。媒体纪录片就是给大众看的。因此，如果上来就讲"艺术"，上来就讲内容的"意义"，观众已经跑了。电影受钱包控制，电视受遥控器控制，网络则完全不受控制，所有都取决于观众。因此，故事讲得好不好，结构是最重要的。但没必要把结构想得太高深。给成人看的好莱坞大片与给婴儿讲的催眠故事没什么区别，就三个字——三段论（不是逻辑学上的三段论）：开头、展开和结尾。中国古人早就知道这一规律，所谓"凤头、猪肚、豹尾"，既准确形象，也生动易学。小学、中学的作文训练，也是这样教的。但为何如此简单？原因也非常简单：复杂了观众就不看了。在观众自由选择的前提下，绝大部分人工作、学习苦了一天、被大小领导训了一天、被同事或客户怼了一天，不会在大众媒体上再自讨苦吃接着受累受教育了，他们要的是轻松愉快地消遣娱乐，即使吸收各种信息也不希望太费脑子，于是线性的、单一的、封闭的故事结构就是他们能接受或希望接受的。其实，这种三段式结构并非某种创作风格，它恰恰最为符合人类生理与心理乃至思维方式的基本规律。好莱坞电影是影视行业最成功的商业模式，一个重要原因就是它们绝不自视高深地"玩艺术"，完全按照观众的接受能力来结构故事。有一所著名的美国电影学院曾经做过一项实验，把班里的学生分成三组，让他们到商业电影院随意挑选三部不同的剧情片，无论是战争片、爱情片还是动画片，一组看一部。同时发给他们一张电影结构表，要求学生把每一结构段落的准确时间填进去。学生们看完后把表上交，老师、学生共同统计归纳。令学生们大吃一惊的是，三部不同片子的结构段落几乎一模一样，连时间都大同小异。几分钟开头,几分钟展开,几分钟出现第一次高潮,几分钟转场,几分钟出现第二次高潮,直到片尾达到最高潮……这就是观众易于接受的结构规律。例外的情况当然有,像斯皮尔伯格导演的《拯救大兵瑞恩》,在以常规的回忆手法作为开头之后,又用了长达25分钟时间展现了"二战"时美军在法国抢滩登陆的战斗场面,枪林弹雨、血肉横飞,空气被撕裂、大地在颤抖,观众早被这逼真的战争场面震撼了,完全不会去想片子的情节、人物……按一般结构规律,这一段落只要完成故事背景交代就够了,斯皮尔伯格的大胆做法引起影评界的激烈讨论,他成功了,但他的与众不同并不是所有导演都能够轻易驾驭的。

纪录片讲故事同样要遵循三段式结构。以中央电视台《发现之旅》栏目的纪录片《消逝的大河桥》第一集为例,片子一开头就把关于大河桥的传说摆了出来,"传说古时候黄河上曾经有一座巨型浮桥,如同长虹在天……令鬼神低头、洪水肃穆……",但这座大浮桥真的存在过吗?开头很简短,像"凤头"一样尽管华丽却小而神秘,抓住观众的好奇心。紧接着就进入了展开段落,也就是"猪肚"部分,猪肚当然要肥厚,五脏六腑千回百转。在山西省永济市有一位文保工作者名叫樊旺林,他遍查史料,认定那座大河桥的铁牛锚锭应该还在,于是他风餐露宿、苦苦寻索,经过长时间的研究探查,也经历了一次又一次失败,终于有了结果。"猪肚"部分靠一个接一个的小段落、小高潮引领着观众的求知欲望,因为大家都想知道那座大河桥到底是不是真的存在过。终于到了最后的高潮,樊旺林带领考古工作者开始发掘大河桥(即唐代"蒲津桥")的铁牛锚锭。随着4座大铁牛的陆续出土,故事有了结论,那座传说中的大浮桥确实存在,它是唐代时期全世界最大的浮桥。这时全片也进入片尾段落,所谓"豹尾"。大河桥是中国古代的超级工程,它的存在不仅为研究中国科技史、交通史和经济史提供了重要依据,更是整个中华文明的见证。这样升华的结尾,既不像猪尾那样短小无力,也不像蛇尾那样拖拖拉拉没完没了,而让人想起同是猫科动物的虎尾。"武松打虎"中老虎的第三招就是用尾巴"一剪",干净利落,致命一击,片子虽然结束,却绕梁三日,令观众回味无穷。总之,三段式故事结构,看似简单,却颠扑不破、百试不爽,但凡故事没讲好,哪怕他是个博士,仔细一看,就是中学生作文没写好。

(三)戏剧冲突

"有戏看",这就是观众对媒体播放的影视节目最通俗的说法,对媒体纪录片也不例外。"有戏"就是有冲突,即使选题有意义,故事结构完整,如果故事情节平淡无奇、一潭死水,观众自然会觉得索然无味。富有戏剧冲突的故事结构一定是波浪形的,起伏越大越好,反差越尖锐越好,而不是心电图上的一条直线,那样人就死了。说得不好听些,无论创作者还是观众,都有点"唯恐天下不乱"。旧时在深更半夜打更的人,嘴里总要喊一句"平安无事",为什么?平安无事,大家就可以放心睡觉了。这样我们就可以理解为什么焦波导演在把《乡村里的中国》从2个多小时删减到90多分钟时,会尽量把村民们斗嘴打架的情节留下来,而把故事的铺垫、过渡、转场删掉,尽管这样做在许多专业观众看来非常可惜。

另一个案例是中央电视台播出的纪录片《海昏侯》。2016年,对江西南昌海昏侯墓的抢救发掘轰动全国,不仅因为这座价值连城的汉墓侥幸躲过了盗墓者的黑手而出土了大量珍贵文物,更因为墓主人刘贺神奇的一生——他是汉武帝的孙子,在短短35年的寿命中却经历了4种身份的大起大落。刘贺最初是昌邑王,19岁被权臣霍光召进皇宫继承了皇位,但仅仅当了27天皇帝又被霍光踢出皇宫成了庶民,11年后又被汉宣帝封为海昏侯,最后在南昌封地蹊跷而死。这部纪录片在中央电视台播出后引起美国历史频道的兴趣,它们有意合作重新拍摄一部适合国际发行的海昏侯纪录片。在讨论故事内容时,国内外的创作思路差异就显现出来了。美国历史频道对考古似乎兴趣不大,更不关心西汉金戈铁马的历史背景,它们只关心刘贺为什么只当了27天皇帝,其中必有腥风血雨的宫斗故事。它们的理由是,假如中国观众看一部非洲古代国王的故事,更希望看非洲历史还是看非洲文物?的确,非洲对于大多数中国观众来说是陌生的,但全世界所有王室的宫廷斗争却有共性,无须了解复杂的历史背景。看懂之外更重要的原因,就是刘贺的27天皇帝梦更富有戏剧冲突,比讲历史考古的学术故事好看,这和中国普通观众喜欢看宫斗戏没什么区别。

不过,强调戏剧冲突不仅是迎合人们"看热闹"的心态,即使是非常严肃的纪录片创作者,也希望通过激烈的戏剧冲突来展现他要表达的创作思想。比如前文提到的纪录片《归途列车》,父女之间因为"打工"还是"上学"矛盾激化,终于扭打起来。这一"冲突"的爆发自然更强烈地刺激观众去思考作者想表达的问题——进城还是进校园,哪个才是中国农民真正的未来?做父母的自然看得更长远,但打工挣钱的诱惑让涉世未深的女儿很难理解父母的想法……这种冲突表达出来的问题绝不是一家一户的个案。作者或许有种隐隐的担心,城里人越来越多地拥有教育资源,而农村人口却只能一代一代延续打工的命运,从而进一步拉大贫富差距,社会矛盾将更加突出。另一部获得阿姆斯特丹国际纪录片大奖的纪录片《摇摇晃晃的人间》也有异曲同工的特征。残疾女诗人余秀华靠自己的诗歌出名之后,她本来就谈不上爱情的婚姻再也维持不下去了,要生活还是要理想,她和丈夫产生了本质的冲突,争吵、踹门,最后终于离婚。对她的诗歌也有两极化的解读:是超凡的想象力与对自由的追求,还是大胆地展示对性的渴望。无论如何,戏剧冲突让这部纪录片显得更加深刻,农民、妇女、残疾人,贴上这些标签的人有没有追求精神梦想的权利?假如她没有出名,没有独立的经济来源,是不是只能委曲求全地做她前夫希望的家庭劳动力?完全可以说,戏剧冲突是引导观众产生共鸣、进行深度思考的重要手段。

(四)情景再现

在纪录片学术界,情景再现是媒体纪录片越来越常见的创作手法,也是一个争论不休的话题。反对者认为它违背了纪录片的真实性原则,因为情景再现难以避免地要使用演员表演,表演就难免有虚假的成分;拥护者则认为,情景再现的内容并非虚构,它只是重现一些不可能再发生的历史事实,形象、直观的表现形式远远超过引用历史文献或回忆式采访的效果,观众更爱看。虽然只是在一些细节上做了演绎,但并不改变大的历史事实。双方观点互不相让,至今莫衷一是,不得不出现一种折中的标准——对于已经时过境迁的历史题材,只要不违反史料的记载和研究者的定论,可以通过情景再现手法来表现,反正历史上的细节谁也不知道;但对于正在发生的社会现实题材,则不适合使用再现手法。

然而,西方的纪录片制作机构却似乎从来不担心运用情景再现手法会影响纪录片的真实原则。首先,它们早已把我们所说的媒体纪录片界定为"非虚构娱乐节目",它们从来没有承诺"非虚构"节目的每一个细节都是经得起历史考证的;这时,我们终于看到"非虚构"与"真实"的区别。其次,既然是"娱乐节目",可视性就非常重要;相比之下,情景再现手法明显比传统的文献加采访更易于被观众接受,更有"娱乐性"。因此,像美国历史频道这样以"历史"为标志的主流频道,情景再现手法比比皆是。比如,中国观众熟知的《美国,我们的故事》《世界大战》《美国商业大亨传奇》等几乎全片都是情景再现,如果把其中的人物采访去掉,再给人物表演配上台词,就完全与影视剧没什么差别了。

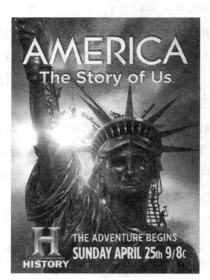

图 6-8 纪录片《美国,我们的故事》海报

图片来源:网络

对于这一现象,一些正统的纪录片人士只好说,他们的情景再现非常精致,不像中国的许多纪录片,其情景再现不如三流电视剧,看起来

令人厌烦，与其如此，不如用动画形式来重现历史更好，因为动画是画的，不会让观众误以为再现的画面就是真实的历史。这些观点显然有些牵强，但正好可以被大部分观众接受。那么我们有必要让观众知道，现在已经被广泛当作历史真实史料的解放军在开国大典接受检阅的画面、人民解放军占领南京国民党总统府的画面等都有再现的镜头，尽管这些历史事件毋庸置疑，再现的解放军也不是演员，都是真正的解放军部队，但他们的有些画面并非是第一时间在现场拍摄的。像解放军战士把国民党总统府楼上的青天白日旗扔下楼，楼下正好有一台摄影机拍到旗子落下来。这样完美的剪辑如果不是摄影机架好了机位，是很难通过抓拍实现的。比较近的案例是，中国第一位进入太空又安全返回的航天员杨利伟，由于降落的瞬间嘴唇被轻微磕破，于是他出舱的镜头就拍了两遍，第二遍拍摄时擦掉了血渍。这并不影响他成功完成太空任务的真实性。相反，倒是美国阿波罗登月行动至今有人质疑。

总之，情景再现手法是媒体纪录片非常重要的表现手段，它的问题不是该不该使用，而是使用得是否到位。当然，确实要避免让观众把再现当作现场记录，机械的办法是打上"再现"字幕，但随着观众欣赏水平的提高，以假乱真的担心似乎也没必要了。西方有些全片再现的纪录片甚至已经给演员配上了台词，并给此类纪录片以更加精准的定位，就是"纪实剧"（docudrama），或者"剧情纪录片"。在媒体平台融合化和创作模式多样化的今天，纪实片的形态也越来越丰富、越来越"跨界"，于是又有了"泛纪实"或"纪实类"节目的新界定，不仅像微视频、短视频、网络直播等被纳入进来，甚至连真人秀这样的综艺节目也被划进了纪实节目类。

三、媒体纪录片的创作模式

这里不再赘述时政纪录片和直接纪录片的操作方式，因为前者出于宣传需要直接听命于相关主管部门，难免会反复修改、磨合，能通过宣传审片是首要目标，自然不必多说。而直接纪录片带有很强的主观诉求和个人探索性质，所以有人说直接纪录片的创作是"私密的"，因此也没有一定之规，否则就不需要探索了。而媒体纪录片既是创作者更多面临的创作形态，也是最受广大观众关注的纪录片模式，它自然有一定的创作模式和流程。

当然，如果按照前述段落针对媒体纪录片的几大要素一一解决，所谓实际操作也就成了一个工作流程，以下只针对这一流程中需要注意的几个要点进行阐述。

（一）选题的确立

既然媒体纪录片强调故事性，报题人在保证政治导向正确的前提下，就不要把主要精力和篇幅放在选题的重要性和宣传意义上,而应重点阐述可能让观众感兴趣的故事点。在影视教学中有一项"5 分钟搞定制片人"的课程,假定制片人或投资人只给报题人 5 分钟时间(因为他们大多都很忙),此时他脑子里只有一个问题,就是为什么要把拍摄经费投给你?报题人如果大讲特讲选题的意义,5 分钟时间转瞬即逝,你已经失去了机会。因此,报题人一定要做好充分的准备,研究媒体纪录片所要的故事到底是什么?制片人如何能在最短的时间被你阐述的故事打动?或许可以先自问一下,你最想看什么?如果你自己都不想看,又如何打动别人呢?不要怀疑制片人的判断能力,他们大多数身经百战、经验丰富,很快就能判断你的故事是否让观众感兴趣,或者你是否能拍好你所申报的选题。如果你怀疑他的判断能力,不如第一时间换一个制片人或投资人。5 分钟,你能说什么呢?最简单的首先是热点话题,其次是有普世价值、人人都关心的选题,比如,有人在四川发现了雪豹踪迹、岷江支流发现了张献忠运宝船等。另外,一定要有具体的事件或人物案例,包括时间、地点,不能"听说……"没有落实的事情不要去占用制片人的时间。简单讲,报题人要在 5 分钟内给制片人讲一个小故事,甚至可以留一点悬念不全讲出来,只要能抓住他的兴趣就够了。假如他问你"然后呢?"或者让你讲得详细点,你就有了成功的希望,就可能又多了 5 分钟阐述的时间,这时你再讲你打算怎样去拍摄……。随着报题、选题越来越市场化,提案会的方式更加常见,报题人面对的很可能不是一个制片人,文案、PPT、甚至宣传片都是必须的,只有充分准备,才能通过创作的第一关。

(二)剧本结构

对于媒体纪录片,不要指望现场发挥,有发挥也是锦上添花的事;拍摄前必须把讲故事的架构考虑好,甚至专题新闻报道都要这么做。其实也简单,拿"凤头、猪肚、豹尾"这三个词衡量一下,有一个词欠缺都说明你的故事框架没搭好。有一个百试不爽的办法,就是悬念推动。如果一个大悬念就是你要讲述的主题,那么只要把它放到"凤头"部分,就可以抓住观众的好奇心;"猪肚"部分则是对这一悬念的层层破解;"豹尾"当然就是悬念被破解后的结果,但还要有所升华,才能令人回味。汶川大地震时,中央电视台有一篇成功的新闻报道:位于绵阳市北川县的唐家山在地震中形成一座庞大的堰塞湖,如不及时疏导,就可能威胁下游的县城甚至绵阳市。因此,国务院总理亲自组织抢险,终于打开一个小口,让洪水缓缓泄出。不曾想泄水口太小,泄洪速度太慢,如果突降大雨,后果难以想象。上述都是新闻背景,正片即从此开始——怎么办?天气不好,无法用直升机重新把抢险人员运进去。解放军某部接到任务,徒步翻山返回堰塞湖。山高路险,时间紧迫,他们能完成任务吗?——这就是这篇报道的悬念，即开头部分。于是记者跟随部队披荆斩棘，一路不断遇到危险，有人受伤，有人掉队，虽都克服了，时间却越来越少——这就是故事的发展。终于，部队在预定时间爬到山顶，堰塞湖就在脚下，完成任务不成问题了。这时，记者开始采访带队领导，正说着，空中传来马达声。摄像师没有停机，随声上摇，一架直升机飞进画面。记者马上说，天气转好，直升机也运来抢险物资，堰塞湖之险马上就可以解除了——悬念有了答案，这就是豹尾。整个报道不过 5 分钟，其故事性却非常完整。相信该记者一定做了非常充分的预案。

（三）戏剧冲突

许多媒体纪录片拍摄的内容都是过去时，比如历史题材、科学题材、人物故事等。既然是过去时，故事轮廓都是已知的，甚至像剧情片那样可以提前写剧本，戏剧冲突就可以设计了，至少可以突出、强化。比如美国历史频道拍摄的《世界大战》，希特勒只是第一次世界大战时的普通士兵，在一次战斗中他从死人堆里爬出来，正不知所措，却发现不远处一位英国士兵的枪口已经瞄准了他，他毫无反抗之力，只能等待对方扣响扳机。英国士兵看到希特勒赤手空拳、狼狈不堪，怜悯之心令他犹豫起来。希特勒不见枪响，等了半天，终于决定转身走开。英国士兵放在扳机上的手慢慢松开，也终于放下枪，任由希特勒走远。首先，这是历史事实。其次，画面几乎静止，除了风声，没有其他声响。一场简单的戏本可以很快过去，但创作者却将画面反复分切，希特勒的表情、英国士兵的枪口、扳机上的手指、希特勒慢慢转身、英国士兵犹豫不决、慢慢放下枪、希特勒走远……其间又反复穿插历史学者的采访"如果英国士兵开了枪，历史将重写"。这场戏看似平静，内在张力却极强，这是历史拐点的一刻，令观众产生强烈的紧张感。然而，这都是导演强化了戏剧冲突的结果。

对于正在进行时的现实题材，戏剧冲突难以预见，但事件的发展都是有规律的，只要有矛盾存在，冲突早晚会爆发，比如拍摄公安局，只要做好充分的准备，保证事情发生时能够拍下来，剩下的就是耐心了。此外，只要事件是真实的，媒体纪录片并不排斥对拍摄对象进行引导。《归途列车》中甚至可以听到拍摄者对片子人物进行引导的语言。所以当父女扭打起来后女儿才对着镜头说："这就是真实的我。"其实，纪录片拍摄者对人物的采访全都是在引导中完成的。

（四）情景再现

如果没有足够的功力，拍摄情景再现一定要小心，因为稍不到位，就会给观众虚假的感觉。何况由于纪录片拍摄经费有限，请不起专业演员，最好扬长避短。首先，尽量避免台词；其次，多拍动作少拍表情；再次，如果能用意向性、气氛性再现就不要用表演，没有表演的表演也是一种表演；最后，尽可能利用剪影、背影、烟雾、纱幔等，求虚不求实。当然，如果能用动画代替再现，也不失为一种好办法。

（五）人物采访

媒体纪录片几乎离不开采访，但仅仅让被采访者陈述事实、表达观点并不是好的采访。采访者的功力并不体现在提问上，一问一答谁都能做，关键是能否调动被采访者的情绪，让他嬉笑怒骂、手舞足蹈、完全展现自我的状态才是采访的高境界。像纪录片《狙击英雄》，导演祁少华第一次采访志愿军著名狙击手张桃方时，由于彼此还不熟悉，张桃方比较紧张。衣冠楚楚、正襟危坐，该讲的故事虽然讲了，却不生动。后来到张桃方家中采访，二人之间已经没有了陌生感，张桃方穿着随便、神采飞扬、口若悬河，激动了甚至爆出粗口来，分明就是一位血气方刚的军人。因此，除了他讲的故事，他自身的性格特征也同样感染人。

作为创作者，媒体纪录片的实际操作还有不少需要掌握的，像摄影、灯光、剪辑、声音、解说词等，不一而足。最后需要提醒的是，拍摄纪录片的经验不是在课本上学出来的，而是在实践中积累出来的。读万卷书，更要行万里路。从事纪录片工作既辛苦，又难以发家致富，但却是一项令精神满足的工作。因为你能带给观众的不仅是真实的世界，还有你可以表达自己——你的观察、你的观点、你的价值观，还有你的情感！

第七章

事件类产品的设计与思路

第一节　事件类产品的分类

事件类传媒产品作为专题性质的传媒产品，都是围绕特殊的时间或特定的主题来生产，而且周期为一年一度，因此事件类传媒产品的播出时间都比较长，基本上是2～4小时。一般围绕特殊时间设计的产品，以"晚会"形式呈现；围绕特定主题设计的产品，多以"典礼"形式呈现。

时间式事件类产品，一般是国家性的节日、时令性的节点以及被赋予特殊意义的时间的晚会外化。国家性的节日包括国庆节、建军节、建党节等，一般会相应地出现国庆晚会、建军节晚会、建党节晚会等。时令性的节点包括元旦、春节、中秋等传统节日。各播出平台也会相应地生产元旦晚会、春节晚会和中秋晚会等。自1983年开播至今的春节联欢晚会，已经成为中国人除夕夜一道必不可少的大餐，成为中国春节的一种标志。CCTV4每年制作播出的中秋晚会，也已经成为海内外华人寄托乡思的标志。而元旦晚会在最近几年多以"跨年"歌会的形式出现，形式上比春节晚会更加纯粹，氛围上比中秋晚会更热闹。被赋予特殊意义的时间，则是媒体将特定主题嵌入某一时间中，使之带有媒体监督属性或市场消费属性。比如"3·15"晚会和"双十一"晚会。每年一度的"3·15"晚会被称为消费者的节日，晚会中将会出现被记者暗访调查的违规企业和商品，从而让"3·15"这个普通的日子有了消费者权益保障的意味。而"双十一"晚会则是将天猫的每年11月11日的商品促销活动，外化成了全民参与的消费节日，本身就是一场商业秀。

主题式事件类产品，一般是对某行业或某类人群的表彰或总结，进而外化成典礼的形式，一般也被称为"颁奖礼"。对某行业的总结表彰，比如，电影行业的"金鸡百花电影节""香港金像奖""台湾金马奖"；电视行业的"中国电视金鹰节开幕式""中国体坛年度风云人物颁奖礼"（被称为中国体育行业的"奥斯卡"，既是对中国体育行业发展的年度巡礼，更是对中国体育行业领军人物的公正评选和表彰）；对某类人群的表彰或总结，一般会针对某一类群体，比如针对警察的"北京榜样最美警察颁奖典礼"、针对教师的"乡村教师颁奖盛典"、针对医生的"寻找最美医生大型公益活动颁奖盛典"等。2003 年开播至今的"感动中国年度人物"则是目前影响力最大的传播与表彰中国榜样人物的品牌节目。

近年来，事件类产品的形式开始逐渐突破晚会和颁奖礼的形式，呈现多样化的态势。比如针对"元旦"的时间节点，深圳卫视推出《时间的朋友》，以罗振宇个人演讲、盘点年度大事件的方式完成"演讲跨年"的概念。同样是演讲形式，腾讯视频一年一度的"星空演讲"，则是以多人多主题演讲的方式，完成"演讲跨年"。而浙江卫视推出的《思想跨年》，则是以吴晓波邀约年度重要人物交流互动的方式盘点年度大事件。除了形式多样，时间也从一场晚会扩展到一天的盘点，甚至一周的预热。比如，针对"春节"这个时间节点，CCTV1 播出的《一年又一年》就打破演播室的限制，通过VCR、访谈、探秘春晚、记者连线各地庆祝活动等形式，全方位展示全国各族人民的过年状态。而腾讯的"回家过年"短视频系列，则通过过年送票、带礼物回家等小的切入点，记录不同人回家过年的状态，进而呈现中国人的过年百态。而针对清明、中秋这些带有文化意味的节日，电视台也会相应地推出《清明典故》《中秋诗会》等解析或体现传统文化的事件类产品。

第二节　事件类产品的设计思路

事件类产品都是围绕特殊的时间或特定的主题来生产，而且周期为一年一度，因此事件类产品的设计思路一般是以倒推的方式进行，且晚会类和典礼类在形式上有较大的不同。

一、晚会类产品的设计思路

晚会产品的设计一般遵循"抽取时间的意义—确定晚会的内涵—确定表演形式—挑选适合的节目或表演者—确定节目的出场顺序—强化晚会中的仪式点"的思路。

以春节联欢晚会为例。春节的时间意义是全家团圆，是中国最具有时间意义的节点；由此确定晚会的内涵是"合家欢"。既然需要符合不同人群的观看，就要有相声、小品、歌曲、舞蹈、魔术、杂技、戏曲等多种形式，然后对应地邀请相关演员或者自行制作节目。所有节目的基调以温暖、欢乐和团圆为主。而邀请的演员一般要在本年度有较高的知名度，比如 2019 年春节联欢晚会邀请的岳云鹏、朱一龙、开心麻花团队等。在节目的出场顺序方面，晚会的开场需要热烈、迅速地调动情绪，然后可以安排语言类节目或者相对舒缓一些的歌曲,让观众逐渐融入春晚的氛围中;在观众收视的疲劳点,需要"流量型艺人"出场再次调动观众情绪。而春晚的仪式点就在零点报时的时刻,往往会在此时通过各种表演形式凸显,而这个关键时刻,也成为春晚最容易出错的时刻。

央视的春晚除了娱乐功能外,还承担了巨大的政治功能,这也导致春晚在节目的选择上并不能随心所欲,在节目创作上也需要体现国家政策、国家成果的内容。因此,如何在政治和娱乐间平衡,成为春晚最大的难题。相比之下,同样是春晚的卫视春晚就相对轻松些,艺术表现手法和内容呈现方式就更灵活些,而且往往也会打出一个噱头吸引观众。比如 2019 年北京卫视的春晚,除了原主持人吴秀波因某些原因必须剪掉之外,晚会还打出了《我爱我家》剧组重聚的噱头,将《我爱我家》的"家"的团圆和过年中国人团圆的概念巧妙地融合在一起。2019 年浙江卫视的春晚,同样也打出了"重聚"的概念,即金庸武侠影视作品的出演者重聚,也是为了贴合 2018 年金庸去世的热点。

相比于春晚的多形式、重情感,打出"跨年"概念的元旦晚会就轻松很多,形式基本以歌舞为主,因此设计的重点就放到了"人物组合""歌曲串烧""观众互动"三个方面。"人物组合"除了需要考虑年度热点人物,也要考虑谁和谁的搭档可能会出现意想不到的效果。比如,北京卫视 2018 年跨年演唱会请来窦靖童,打出了窦靖童晚会首秀的噱头;而江苏卫视将薛之谦这个"段子手"和林志玲放在一个组合中,也取得了不错的效果。"歌曲串烧"是跨年演唱会设计的另一个重点,不同于央视春晚歌曲演唱的中规中矩,跨年演唱会在演唱歌曲的方式上可以求新求变,而且多以快歌为主,能够持续保持观众的情绪。比如,北京卫视的跨年演唱会主打跨界,即让王凯等影视明星演唱歌曲,以反差效果引发观众惊喜。"观众互动"现在越来越被晚会重视,包括央视春晚都通过摇红包的方式吸引电视机前的观众积极参与,跨年演唱会除了采用传统的"摇一摇"、扫码等参与方式,还会借助网络通过发送弹幕的方式最大限度地调动观众积极性。

但同样是晚会,"3·15"晚会就会显得更严肃些。因为"3·15"的时间节点意义是消费者维权,由此确定晚会的基调是严肃、公正、揭秘。对应的节目就不再是歌舞,而是一个个记者通过暗访调查带回来的视频资料,并通过 AR 技术、情景再现、现场测试等多种形式完成产品的科学检验,而节目的仪式感在于对假冒伪劣产品的发布。"双十一"晚会由于属于彻底的商业晚会,互动感是整个节目设计的核心。通过整点发布"抢单"信息和实时的交易信息,不断地调动观众的消费热情,并通过数字营造出视觉刺激效果,这是该晚会不同于其他晚会的设计出发点。

随着技术的进步,晚会现在也开始大量采用新的视觉技术营造视觉冲击。比如春晚采用的全息技术;江苏卫视 2018 年跨年演唱会的 360 度全景巨型圆舞台,通过全球顶尖的 LED 地屏、实时追踪等黑科技给观众带来极大的视觉冲击;而浙江卫视、湖南卫视的跨年演唱会也大量采用 AR 技术,将歌曲融入情境中,打造出沉浸式视觉体验,舞美设计也是晚会设计的重点之一。

二、典礼类产品的设计思路

相比于晚会类产品的精彩纷呈、形式多样和舞美绚丽,典礼类产品相对比较简单直观。因为所有的典礼都是主题明确且往往和"颁奖"结合在一起,因此,设计的重点在"奖项设置""仪式烘托"和"嘉宾人选"三个方面。

"奖项设置"是典礼类产品的核心。一般来说,行业类颁奖都会根据行业的工种构成,设置各种"最佳奖项"。比如,电影颁奖礼通常会设置最佳影片、最佳导演、最佳男女演员、最佳剧本、最佳剪辑、最佳音效等奖项。体育类颁奖礼则会设置最佳教练、最具影响力男女运动员、最佳裁判员、最佳新人等。音乐类颁奖礼会设置最佳编曲、最受欢迎男女歌手、最受欢迎组合、最佳新人、最佳作词等奖项。同时为了感谢行业前辈的付出,各行业颁奖礼通常也会设置终身成就奖和最佳新人奖以致谢前辈、激励后辈。而在奖项的颁发顺序上,一般也会把分量最重的"最佳男女×××"放置在最后,以增加颁奖典礼的悬念。而且每个奖项基本都会有四个候选人,获奖悬念始终贯穿颁奖礼的全过程。因此,根据行业工种构成而设置的奖项颁发,是典礼类产品和其他传媒产品最显著的区别。但是不同于娱乐体育行业,警察、教师、医生等行业的颁奖一般不会细分成工种奖项,而是统一为一个奖项"最美",而这个奖项的名额也不是一个,而是多个。

"仪式烘托"是典礼类产品最容易忽视的设计重点。单从颁奖流程上看,典礼类产品相对比较简单,只要按顺序颁发奖项即可,但如果整个流程没有节奏的起伏,颁奖的意义也会大打折扣。因此,好的颁奖典礼一定会在"仪式感"上下功夫。仪式烘托首先表现在灯光、音乐和大屏的使用上。一般颁奖人会从舞台中央出场,有专属的音乐和灯光配合颁奖人从后台走到颁奖台;领奖人会从台下座位起身,走到领奖区,中间会安排颁奖人之间的互相调侃,以及候选人的 VCR 播放,尽量让颁奖和领奖的时间有悬念和内容,从而出现节奏的起伏。但是需要注意区分娱乐行业的颁奖和特定行业的颁奖。一般来说,音乐、影视包括体育行业的颁奖礼都会尽量让气氛活跃,仪式性在于嘉宾间调侃互动中,因此灯光音乐会选择比较轻快的风格。但是警察、医生等行业的颁奖,气氛比较严肃,整个仪式需要感动的故事去烘托,灯光音乐也会选择比较庄重的风格。这种颁奖礼不需要做悬念,也没有悬念,只需要通过物件、VCR以及现场访谈尽可能地呈现获奖人的感动事迹即可。以《感动中国》为例,主持人会首先通过一段话引出当时的故事,随后以VCR的方式播放当事人的主要事迹,再请出当事人进入互动区,简单了解VCR背后的故事,随后主持人会请当事人走到领奖区,再由两位少先队员为获奖者送花、证书和奖杯。而整个颁奖环节最关键处,就是主持人宣读获奖者的颁奖词。将获奖者的伟大经历浓缩为极其凝练且文学性极强的颁奖词,以此作为烘托仪式的载体,也成为广泛流传的另一种人物传记。

嘉宾人选也是设计典礼类产品容易被忽略的部分。对于娱乐行业颁奖礼而言,要尽量选择和颁奖内容以及领奖人相关的颁奖人。这样颁奖人才能在颁奖的时候针对奖项或者领奖人有感而发,否则只是完成了一个颁奖的流程。而且现在的颁奖一般会让两个颁奖人出场,目的也是希望通过两个颁奖人之间的调侃,产生更多有趣的内容。因此两个颁奖人除了级别对等以外,还要考虑到彼此的熟悉程度,或者反差感,以及可能产生的语言交锋。好的颁奖人一定会让整个颁奖过程充满语言的智慧,这也是黄渤受到各大颁奖礼欢迎的原因。而对于警察、医生、教师此类行业的颁奖,因为整体氛围比较严肃,那么往往会选择与领奖人有着特殊联系的人担任颁奖者。这样在颁奖的过程中,能够让颁奖人结合两人之间的故事,进一步深化领奖人的身份和荣誉,也能够为颁奖过程注入更多的感动和感谢因素。

主持人在颁奖典礼中的作用除了推进流程外,对仪式的烘托也起到极其重要的作用。黄渤担任金马奖颁奖典礼的主持人广受好评,就在于他能够通过幽默的语言完成整个欢乐气氛的烘托。而敬一丹和白岩松能够成为《感动中国》的固定主持人,也在于两位稳重的风格和深沉的情感流露,和此节目的仪式感相吻合。因此,面对不同内涵的颁奖礼,在主持人的选择上也要考虑气质相符者。

第三节 国外事件类产品的设计思路

国外同样存在事件类产品。在圣诞节、愚人节等重要的西方节日,也会出现相关的传媒产品。而典礼类产品更是为国人所熟悉,比如电影类的"奥斯卡颁奖典礼""戛纳电影节颁奖典礼""柏林电影节颁奖典礼",音乐类的"格莱美颁奖典礼",电视类的"首尔电视节",体育类的"国际足联年度颁奖典礼"等。典礼类产品的流程设计和国内典礼类产品相差不大,这里重点介绍一下晚会类产品的设计思路。

一、通过整蛊明星募集善款

每年的愚人节和儿童节都会出现为儿童募集善款的事件类产品。而通过整蛊明星号召大家捐款,是此类产品的惯用手法。比如西班牙 Antena3 电视台自 1992 年起,每年的 12 月 28 日(西班牙愚人节)都会举办一场晚会,时长为 120 分钟。晚会在录制前,会串通明星身边的人对其进行"恶作剧",并对这一过程进行隐藏拍摄。比如在明星开车前往某地购物时,悄悄拖走他的汽车,再将一个报废的同款汽车放置在附近;等明星购物结束走出商场,误以为自己的座驾被撞烂、一脸无辜后,节目组再出现说明情况,明星通过镜头向所有人倡议捐款,为孩子筹集善款。在两个小时的晚会时间,一般会有 4~6 位明星的整蛊视频播放,而这些明星也会出现在慈善晚会的现场,通过自己的表演再次为儿童募捐。

二、将节日庆祝做成大型活动

(一)案例 1

德国 2015 年播出了一档大型庆祝活动《千分之一》,共有 1000 名德国民众参与活动录制。

图 7-1　德国大型庆祝节目《千分之一》外景画面

图片来源:视频截图

首先 1000 人共同参加障碍跑,最先抵达的 500 名进入演播室。在演播室内,第一轮为 500 位选手参与智力问答,包括听音辨题、图形匹配、视频问答等形式,准确率最高且用时最短的 250 名选手进入下一个环节。第二轮现场播放灯光秀结束后,250 名选手根据灯光秀的记忆回答选择题,用时最短且准确率最高的 100 位选手晋级下一轮。第三轮为平衡木挑战,100 位选手同时站上平衡木,最后落地的 50 位选手进入第四轮暗箱识硬币,50 位选手需要在箱子内通过抚摸判断硬币的面值。25 位选手进入第五轮智力拼图,用时最短的 5 位选手进入第六轮搭纸牌,最先搭好的 2 位选手,最终通过搭酒杯的方式决出总冠军。游戏中间穿插明星演唱和魔术表演等形式。

(二)案例 2

商业促销手段日期标识化,已经成为事件类产品的重要组成部分。每年天猫"双十一"晚会,受关注程度甚至超过跨年晚会。荷兰制作播出的一档专门针对"购物狂"的节目,其实就是把商场促销做成一场全民参与的活动。

表 7-1　*Krijg de Kleren/Queen of the Mall* 节目信息

节目原名	Krijg de Kleren/Queen of the Mall	节目类型	游戏类
节目时长	60 分钟	播出方式	每周三 21:30—22:30
播出平台	荷兰 RTL5	首播时间	2015 年 9 月 2 日
制作公司	Talpa Productions	发行公司	Talpa Global

1. 节目概述

这是一档以"购物狂"为特定群体,以购物时涉及的能力(如速跑、装货、开车、算账)为竞技项目的游戏节目。获胜者可得到 1 万欧元奖金。

图 7-2　节目室外场景——环节 1-4

图 7-3   节目室内场景——环节 5

图片来源：视频截图

2. 节目流程

环节 1：高跟鞋赛跑

选手们穿着高跟鞋赛跑，率先抵达终点者获胜。高跟鞋统一高度，分两轮进行，每一轮的前 5 名直接晋级第 2 环节。

环节 2：礼物池大战

10 名选手只穿比基尼进入"礼物池"，她们必须从"礼物池"里拆出包裹（有些是空包裹，有些只有配件），搭配成与模特一样的服饰（如粉红色上衣＋蓝色裙子＋蓝色帽子），率先完成者获胜。

环节 3：电梯赛跑

6 组选手分成两人一组进行 PK，两人各自拎着 10 个购物包，在一上一下的两个手扶电梯上，一人首先从下行的电梯出发，到达下行电梯底时再转弯到另一个上行电梯逆向出发；另一人则先从上行电梯出发，再转弯下行电梯。谁能率先走完两个电梯则获胜。

环节 4：装货快闪

3 名参赛者要把一堆物品塞到车子里，再开车停到停车位里，率先完成者获胜，前两名进入下一轮。

环节 5：快算购物狂

主持人出的问题类型都是围绕着商场购物的计算题，计时作答，答对答案则计时停止，再出下一题时，计时则继续进行。全程回答三题，累计时间。对比两人所用时间，较短者获胜（但两人所问的问题并不完全一样）。

三、把节日做成特别节目

（一）案例 1

2016 年圣诞节,挪威播出了一档 8 集的特别节目《谁是真正的圣诞老人》,这档节目融合了来自世界各地的圣诞节传统风俗,10 位圣诞狂热者聚集在一起参加这档电视节目。为期 4 周的特别节目,新剧集每周播出 2 次,播出时间在每周三和周四的 21 点,营造出一个史诗般的圣诞前夕大结局。

图 7-4   挪威特别节目《谁是真正的圣诞老人》

图片来源:视频截图

1. 节目规则

10 位圣诞狂热爱好者将接受一系列顶级圣诞主题的挑战,彼此 PK,这些候选者要在 8 集的节目中互相投票,淘汰自己的伙伴。总决赛在圣诞夜举办,旨在发现谁是最合适的"圣诞老人"。

在每一集里,圣诞老人面临挑战,展示他们的技能,比如爬烟囱、包礼品、坐雪橇和建姜饼屋,时刻都在试图证明他们是体现圣诞精神的最佳人选。

当选为圣诞老人的候选人将获得 100 000 美元资金,和"美国圣诞老人"称号。除此之外,获胜的圣诞老人候选人还会得到一笔捐助,以奖励他选择公益事业。

2. 环节设计

（1）拍照环节

圣诞老人坐在晃动的圣诞车子里,摆圣诞老人的造型,以体现圣诞老人的快乐风采。

（2）问答环节

在现场,孩子和圣诞老人候选人彼此看不到、只能听到声音。孩子提问,圣诞老人候选人回答,用以测试圣诞老人的"小孩缘"。孩子们依据自己喜欢的答案选择圣诞老人,以举手的方式进行投票,由孩子代表宣布结果。

问题1:你怎样在一天之内拜访全世界?

问题2:你怎样可能同一时间看到所有的孩子?

问题3:你为什么用麋鹿,而不用直升机?

(3)圣诞演讲环节

圣诞大餐上3位圣诞候选人发表演讲,看看谁的演讲内容能整体展现圣诞精神。所有候选人从3位决赛候选人中选择最能代表圣诞精神的候选人,并把他的名字写在圣诞饼干上,然后放入小锅中。

(4)圣诞知识抢答环节

两个圣诞老人都面对同样的10道题,题目源自这段时间集训中他们所学到及接触到的东西,每道题都放置在木板中间,题目左上角和右上角有两个选项,板子下方有个铁棍,选择左上角选项,铁棍移向左侧,完成后进入下一道题目。优先完成且正确率高的圣诞老人坐上带着礼物的火车,冲下铁轨,成为最佳圣诞老人,开始发放礼物。

(二)案例2

表 7-2 *Alan Carr's 12 Stars of Christmas* 节目信息

节目原名	Alan Carr's 12 Stars of Christmas/The Twelve Stars of Christmas	节目类型	游戏问答类
节目时长	60 分钟	播出方式	每周一/圣诞特辑,共 5 期/22:00—23:05
播出平台	英国 Channel 4	首播时间	2016 年 12 月 19 日
制作公司	Magnum Media-Travesty Media	发行公司	DRG

1. 节目概述

这是一档英国圣诞特别推出的明星答题游戏节目,在主持人艾伦·卡尔(Alan Carr)的引导下,每期3位演播室明星嘉宾将会代表自己的观众方阵,面对另外9位明星嘉宾提出的问题并作答,最终积分最多的明星,有资格为方阵中的幸运观众获取圣诞大奖。

2. 人物构成

主持人:艾伦·卡尔,英国著名脱口秀主持人

演播室明星:每期3位

题目明星：每期 9 位

观众：3 个方阵

图 7-5　*Alan Carr's 12 Stars of Christmas* 节目舞美

图片来源：视频截屏

3. 节目规则

3 位明星代表不同颜色的 3 个观众方阵，通过面对题目明星的提问，进行作答，每答对 1 题积 1 分，最终获得最高分的明星可为方阵中的幸运观众赢取圣诞大奖。

4. 节目环节

（1）彩球池游戏环节

彩球池中有 3 件免费礼物，每次 3 个方阵都各派 1 位成员参加，进入彩球池当中（答题积分最高的方阵优先 3 秒跳入彩球池），最快找到礼物的人，将为全队人获得该礼物。

（2）终极圣诞大奖环节

答题积分最高的明星将跳入彩球池中，在拿到礼物盒的瞬间停止计数，该号码所属的观众则为幸运观众。

5. 节目流程

开场介绍 12 位明星嘉宾及主持人出场

↓

主持人介绍节目规则，与明星聊天互动

↓

明星答题(2题)：选择对应窗口—打开窗口—播放明星视频—
提出问题—明星答题—揭晓答案—答对积 1 分

↓

第一次小游戏时间：介绍礼物—介绍参与者—开始游戏(积分高的
可以先进去 3 秒)—宣布结果(绿队赢)—揭晓奖品(马克杯)

↓

明星继续答题(3 题)

↓

第二次小游戏时间：红队赢,奖品是耳机、伏特加和光碟

↓

明星继续答题(2 题)

↓

第三次小游戏时间—绿队获胜,奖品是专辑

↓

明星继续答题(2 题)

↓

终极观众大奖

↓

积分最高的一队中将有一位幸运观众获得这个奖品,由带队明星进入彩球池,
拿到礼品盒的瞬间停止计数,最终号码则为幸运观众号码

(三) 案例 3

表 7-3　《难忘的一年》节目信息

节目原名	难忘的一年	节目类型	益智答题类
节目时长	90 分钟	播出方式	每周六 20:00—21:30
播出平台	荷兰 RTL 4	首播时间	2017 年 10 月 14 日

1. 节目概述

在这档节目中,两位队长各自邀请一位明星与自己组队,一同"穿越"到过去的某一在音乐领域极具代表性的年份,主持人与嘉宾们则要根据年代来着装和打扮,挑战与该年份相关的各种形式的问题,积累奖金,中间穿插与该年份相关的音乐表演;现场观众共同参与答题,并投票支持自己喜欢的队伍,获胜队伍将与支持自己的观众平分累积的奖金。

2. 节目规则

两位队长各自邀请一位明星与自己组队,选定某一在音乐领域极具代表性的年份,挑战与该年份相关的各种形式的问题,积累奖金;现场观众共同参与部分答题,并投票支持自己喜欢的队伍,最终决战中的获胜队伍将与支持自己的观众平分累积的奖金。

图 7-6 《难忘的一年》节目现场

图片来源:视频截图

3. 节目看点

(1)时代感包装:老电视+生活情景式舞美(沙发、茶几等),弱化答题的竞争感,增加观众代入感和趣味性。

(2)题目类型及出题方式丰富多样:文字、图片、影像、实物、剧情、体验、互动等。

图 7-7　《难忘的一年》舞美标识

图片来源：视频截图

图 7-8　《难忘的一年》节目舞美

图片来源：视频截图

图 7-9　《难忘的一年》室内舞美

图片来源：视频截图

四、把特别的时间和主题与公益圆梦挂钩

（一）案例1

表 7-4　《梦想公司》节目信息

节目原名	La Dream Company	节目类型	明星与素人情感真人秀节目
节目时长	3 小时 20 分钟	播出方式	每周五 21:00—00:20
播出平台	法国 TF1	首播时间	2017 年 8 月 25 日

图 7-10　法国圆梦节目《梦想公司》选手接受任务

图片来源：视频截图

1. 节目简介

法国主持人兼制作人在明星们的协助下帮助人们完成他们的超级梦想：一样的圆梦，不一样的新科技沟通。

节目组邀请到 7 位法国明星，他们每人得到一个箱子，箱内是他们分别要去的地方，以及一个任务 iPad，iPad 中的视频由申请人（圆梦人的家人/朋友）亲自发送过来，他们将在路上收看视频，了解申请人和圆梦人背后的故事，并随时使用 iPad 与演播室内的节目主持人保持联系。在这些"幸运儿"的家人、朋友帮助下，法国大咖们敲响幸运儿们的大门，帮助实现他们的梦想。一个梦幻的婚礼、一场童话般的旅行、与偶像的一次见面，在这些幸运儿家人的帮助下，节目组了解到了他们的梦想。节目中展示了他们独特、感人的故事，以及帮助他们实现梦想的准备过程。

2. 节目看点

（1）故事性：节目中不同的圆梦者和申请者，带来每个平凡人心中的梦，很容易造成观众的共鸣，产生替代满足感。

图 7-11　法国圆梦节目《梦想公司》选手完成任务过程

图片来源：视频截图

（2）多主持人的设计：1 名主持人在演播室和另外 7 名明星户外主持，形成圆梦大本营和助梦使者的概念。棚内主持人派遣出助梦使者，前往法国各地帮助指定素人，在助梦过程中，他们相互沟通，互通有无。

图 7-12　法国圆梦节目《梦想公司》选手与被圆梦对象沟通

图片来源：视频截图

（二）案例 2

表 7-5　《名人外卖厨房》节目信息

节目原名	名人外卖厨房	节目类型	明星厨艺类节目
节目时长	60 分钟	播出方式	日播，一周五天
播出地区	克罗地亚	首播时间	2014 年 9 月

1. 节目概述

这是一档厨艺类的明星料理真人秀节目,5位明星在厨房内完成大餐,然后由观众通过App订餐,明星则负责将外卖送到。观众品尝后可根据自己的体验来支付餐费,得到最高数额费用的明星将成为冠军。一周5位明星,每周明星不同。

2. 节目构成

每期一位明星当主厨,其他4位明星帮厨,大家集体使用外卖厨房,观众通过App订餐,由明星亲自送外卖,最后大家一起品尝明星主厨的大餐。

图7-13 克罗地亚厨艺类节目《名人外卖厨房》名人接受任务

图片来源:视频截图

3. 节目流程

每期1名明星做主厨

↓

根据当期主厨的菜单,其他明星做帮厨

↓

在规定的2小时之内将外送餐全部做出

↓

当期明星主厨负责送观众订的外卖餐

↓

当期其他明星品尝主厨明星做的大餐,并给出评价与评分

↓

5位明星会聚在一起,观看观众给予反馈的视频短片

↓

得到评分最高的明星则成为当周冠军

五、抽取节日中的情感元素，外化成特别节目

家人团聚是节日中最温暖的主题，春晚本质上也在承担这一主题。新媒体在过年期间，往往会采用赠票或者送礼物的方式记录每位回家过年的人的状态。事实上，除了媒体发起的活动之外，通过答题为家庭团聚赢得资金或者机票的支持也是一种事件产品的设计方法。

（一）案例 1

表 7-6 《五星家庭聚会》节目信息

节目原名	The National Lottery：5-Star Family Reunion	节目类型	益智答题节目
节目时长	55 分钟	播出方式	周六 20:05—21:00/季播（7 集）
播出平台	BBC One	首播时间	2015 年 7 月 25 日
制作公司	12 Yard Productions（ITV）/ Boom Cymru	发行公司	ITVSTUDIOS Global Entertainment

1. 节目概述

远隔重洋的亲友通过益智答题，不仅能够为自己的家庭赢得一次难得的豪华团聚之旅，同时还可以赚得一笔"团圆基金"，实现家庭梦想。

2. 人物构成

主持人：尼克·诺尔斯（Nick Knowles），主持过多档国家彩票节目，成熟、稳重、睿智。

嘉宾：一家八口（4＋4），4 位在现场答题，另外 4 位通过大屏幕连线，远程答题。

图 7-14 《五星家庭聚会》舞美设计

图片来源：视频截图

3. 舞美设计

（1）牛顿摆球：舞台为两部分圆形区域，中间由长型 LED 地屏连接，象征身处世界两地的一个家庭通过该节目实现连接。舞美设计与节目中的计时器——牛顿摆球呼应。

（2）地屏：显示为选手答题时的"奖金阶梯"。

（3）灯光：选手答题时为蓝色，计时结束时为红色。

图 7-15　《五星家庭聚会》地屏设计

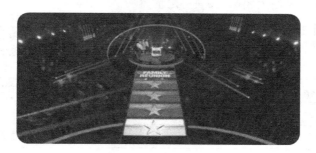

图 7-16　《五星家庭聚会》答题时舞台变化

图片来源：视频截图

4. 节目流程

（1）第一部分：开场

主持人出场、本期家庭成员出场；家庭成员用短片介绍（成员关系、成员故事、照片展示）。

（2）第二部分：连线

连线澳大利亚，家庭双方通过视频交谈；主持人揭晓见面目的地——迪拜（VCR）；主持人讲解节目规则。

（3）第三部分：交互答题

远程答题（单选题）

规则：远方家人回答 5 道问题，每答对 1 题便能为后续演播室内的家人答题赢得相应的答题时间，即牛顿摆球提升1格高度。

现场答题（计时快答）

规则：结束远程答题后，现场4位家人根据赢得的答题时间，各自选择一类题库作答（名著与作者、名人逸事、电影、地理），摆球达到最高点时，答题时间总计为66秒。每答对1题，奖金上升1格。

奖金的累积：前两轮最高奖金为5 000英镑，后两轮最高奖金为1万英镑，最高奖金总计为3万英镑。

额外加时：一家4口每期只有1次给自己加时的机会，只有当场外答题没有连续5题答对，场内选手方可选择其中1人答题时，可增加时长。

（4）第四部分：最后单元

现场答题（计时快答）

规则：现场4位家人轮流回答主持人的提问，答题时间为66秒（最大值）。累积答对5题即可实现家庭大团圆，并获得之前累积的"团圆基金"。

（二）案例2

表7-7 *Keep It in the Family* 节目信息

节目原名	*Keep It in the Family*	节目类型	益智游戏类节目
节目时长	45分钟	播出方式	季播
播出平台	BBC One	首播时间	2014年10月26日
制作公司	ITV STV		

1. 人物设定

1位主持人，6位明星，2组家庭，1组表演嘉宾，6位奶奶。

2. 节目流程

（1）开场：介绍当期名人（每人带有最后一轮大奖的盒子，但不知道自己手中的盒子装有什么）；介绍两个家庭的各个成员，与他们互动。

（2）第一轮：家人合作参与挑战

每个家庭派出代表，先决定谁是代表，再公布挑战项目。由表演嘉宾（表演嘉宾为明星）演示。家庭成员开始挑战——边表演边答题，或通过表演得到的评分（嘉宾评出）决定哪个家庭获胜。获胜家庭得到积分，孩子可以领取礼物——由2位名人提供的礼物（现金或其他），孩子淘汰1位名人，名人脚下的机关打开，名人会掉下去。

（3）第二轮："奶奶知道的最多"

听奶奶们的提示，两个家庭计时抢答词语，计时结束得分多的家庭获胜，孩子再次获得领取名人提供礼物的机会。

（4）第三轮：全家参与

每位成员都有服装装扮，打扮成某食品或类似产品。

计时抢答1：听广告答出品牌，每个家庭一个按钮。

计时抢答2：当答案与服装装扮一致时（如穿着巧克力，题目答案是关于某品牌巧克力）需要跑到另一按钮抢答。

计时结束，答对多得分多——由2位名人提供礼物（现金或其他），孩子淘汰1位名人，他脚下的机关会打开并掉下去。同时，另一个家庭被淘汰，但会得到一个礼物，以示安慰。

（5）第四轮：最终大奖

6位名人带着装有礼物的盒子上台。奖品最高是一辆汽车，其余则类别不同、价值不同。获胜家庭选择1位名人念出盒子上的线索，家庭猜测，然后选择第2位名人对比他盒子上的线索。家庭决定放弃某位名人（让他站在会打开的机关上），然后名人打开盒子公布奖品。无论什么奖品，孩子都必须控制开关让他掉下去。再继续选其他名人对比，奖品陆续公布，直到剩下最后2位名人。家庭根据线索作出选择后，主持人拿到盒子，公布被淘汰的盒子里的礼物。同时家庭排除了所有已开的奖品，获得最后大奖。

除了家庭团圆，在节日或者特定主题中，感恩也是一个非常重要的主题。目前在国际节目产品中，通过感恩、圆梦的方式讲述普通人的故事，已经成为事件类产品设计的重要思路。

（三）案例3

表7-8　*Why Wait*？节目信息

节目原名	*Waarom Wachten*？（*Why Wait*？）	节目类型	情感类真人秀
节目时长	60分钟	播出方式	季播/每周三22：00—23：00
播出地区	荷兰SBS6	首播时间	2015年10月7日
制作公司	Talpa Productions	发行公司	Talpa Global

1. 节目概述

每个人对于爱和感恩都有不同的理解方式和表达方式。这档节目能够促使人们去思考：哪些人对你的人生产生了深刻的影响，甚至改变了你的人生？哪些人在你最低谷时仍然默默守候，不离不弃？爱要说，何须等待？

2. 节目规则

每期节目中，3 个委托人在主持人约瑟姆·范·盖尔德（Jochem van Gelder）的帮助下，向他们身边最亲近的人在最有意义的地方，用最特别的方式（隐藏摄影机）表达感恩，大声说出爱。

3. 人物构成

主持人：采访选手、协助完成"表白"任务；3 位委托人。

4. 节目流程

（1）第一位委托人的故事：向爱人表白

主持人到访委托人的家；委托人短片介绍；委托人讲述他的故事；穿插委托人亲人的访谈；引入"被表白"人；用照片、闪回等手段讲述故事；"表白"现场准备；安排其他家人参与；正式"表白"；家人、亲友出现；后续采访；穿插街采——父母对你来说意味着什么？你的心意他们真的了解吗？为什么不曾向父母表达？

（2）第二位委托人的故事：三胞胎向母亲致谢

与委托人见面；讲述背景故事；访谈；穿插线上视频信——主持人号召观众下载App，录制线上告白视频信；视频信有机会在节目中得到展示。

（3）第三位委托人的故事：热爱音乐的癌症男孩儿用说唱向父母表白

与委托人见面，讲述自己身患癌症而被父母照顾的过程；希望以唱歌的方式感谢父母一直以来的照顾；节目组帮助癌症男孩对接国内知名艺人，帮助他修改歌词，排练演唱；节目组在医院设定假装的访谈场景，男孩突然出场向父母致敬；关注特殊场景——在特定的时间节点中不同人的表现。

（四）案例 4

表 7-9　*The Holiday Airport* 节目信息

节目原名	*The Holiday Airport*	节目类型	纪实类
节目时长	43 分钟	播出方式	每周四 20：00—21：00
播出地区	英国 Channel 5	首播时间	2015 年 7 月 16 日
制作公司	Plimsoll Productions	发行公司	Talpa Global

1. 节目概述

这是一档聚焦于利物浦机场的纪实类节目，记录通过这个机场开始和结束他们假日的朋友、亲人和同事,也刻画了那些在机场里工作的人们。整个节目就像一幅机场众生浮世绘。

2. 人物构成

假期出行者:

一对母子——单身母亲与她的儿子;出行缘由——儿子擅长单板滑雪,这次母亲就是要陪同儿子参加比赛。

一对夫妻——两人都在此前离异过两次,却在暮年走到了一起;出行缘由——两人都热爱旅游,并且他们认为旅行是为他们爱情保鲜的妙计。此次,丈夫就想送给妻子一次充满意外的旅行(妻子在登机前不知道目的地)。

一群暮年姐妹淘——平均年龄 62 岁,却不服老,她们穿着同样的 T 恤,上面写着:you can sleep when you are dead(等你死了可以睡到饱);出行缘由——旅行是她们保持年轻的方法。

机场服务人员——咨询台(两个话痨)、VIP 客人服务专员、购物区销售、机场维修工(爱讲冷笑话)、传送带负责人员、行李装卸负责人员(与飞机是否能准点起飞相关)、美甲店员、后勤保障某工种。

3. 节目流程

本节目将 3 组旅客的出行与归来作为平行的线性线索,再将机场工作人员部分以点的形式穿插其中。但二者之间的连接度并不高。

1) 第一部分:节目引子

介绍节目视角——关注假日出行与机场之间的关系;介绍本期即将出场的人物。

2) 第二部分:出发与归来(以下部分互相穿插)

线索(1):单身母子线——家中出场(背景介绍、出行目的、比赛);出发上车;来到机场(母亲因购物、吃东西而延误时间、机场广播找他们);上飞机;假期归来(结果——得到第 6 名)。

线索(2):老年夫妻线——家中出场(背景介绍、出行目的、意外之旅);出发上车(车子启动);来到机场(丈夫给妻子制造惊喜——买项链);上飞机;假期归来(结果——一次有爱的旅行)。

线索(3):老年姐妹淘线——机场酒吧出场(背景介绍、出行目的——保持年轻之旅);上飞机;假期归来(结果——快乐的旅行)。

3) 第三部分:尾声

以照片、字幕与轻快的音乐交代出现在本集中的人的后续情况。

第八章

电视广告产品的策划与设计

中国电视媒体作为自收自支的事业单位,不同于充分市场化的企业,经营性收入来源较为单一——广告收入构成了电视媒体的主体收入,因此电视广告收入是电视媒体的经济命脉。广告收入是通过广告产品与销售双轮驱动来实现的,广告产品体系是否健康合理、具有市场竞争力,决定了电视媒体的生存状态能否保持良好及发展动力是否充沛。电视广告产品伴随中国 20 世纪 70 年代末开启的市场化进程,在市场上已具有 40 多年历史,其产品形态由最初电视广告片的硬版形态发展到软性广告与硬版广告相结合的较为丰富的形态,目前已进入较为稳定的阶段。但在融媒体迅猛发展的时代大潮中,伴随电视媒体在技术上的进一步发展,电视广告也将产生更具有创新性的产品形式,补充并丰富电视广告产品体系。

作为后起之秀的网络视频媒体,其网络综艺(以下简称网综)与网络剧(以下简称网剧)逐渐发展成熟并在近年来形成反超电视综艺与电视剧的态势。在网综与网剧初创之时,网络视频媒体大量延聘电视媒体从业人员,无论内容产品还是广告产品,其形态较大程度上沿袭了电视媒体的一贯形式。但网络媒体与电视媒体在技术层面的天然差异,决定了网络视频广告产品在精准传播与互动传播等方面具有巨大的发展空间,并且形成了更为丰富多彩的产品形态。近年来迅速在移动端崛起的短视频平台,其媒体属性迥异于电视媒体与网络视频媒体;个人用户创造内容的 UGC 属性和人际传播的社交属性,决定了其广告产品与电视综艺、电视剧、网综和网剧为代表的 PGC 长视频广告产品相比具有更加明显的差异,更加符合移动终端用户的使用需求,并形成了很多创新的产品形态与玩法。即将进入"5G"时代,可以预见,伴随网综、网剧和短视频在技术端的创新,网络视频广告产品也必将进入新的发展时期。

虽然与网络视频媒体及短视频平台相比电视媒体年岁稍长,业界习惯将电视、广播和报刊一起划入传统媒体行列,但电视媒体无论在世界还是在中国,仍然具有不可撼动的市场地位。而且在"5G"时代即将来临之时,电视媒体不甘居人后,正在积极寻求传统媒体与新媒体的融合之路。在某个历史时刻,可能会产生新的日活亿级用户的"杀手级"应用,其背后平台是某家电视媒体也并不是不可能完成的任务。

本章将主要探讨电视广告产品的策划与设计,既有助于全面并深入认识与了解电视广告产品的经营与运作,也为认识网络视频广告和短视频广告打下扎实基础。

第一节　什么是电视广告产品

电视广告产品不等同于电视广告片,其形态综合且丰富;电视广告片只是电视广告产品形态之一。电视广告产品按照业界在实操层面通行的分类方式可分为硬版广告与软性广告,在具体工作场景中通常被简称为硬广与软广。

一、硬版广告

硬版广告是指在节目播出过程中,开始前或结束后有独立播出时间的广告形式,即电视广告片和标版广告。

(一)电视广告片

1. 时段广告

节目片头开始之前播出的电视广告片为时段广告(在上一个节目片尾结束后和下一个节目片头开始之前播出的电视片广告段落即为时段广告)。

2. 贴片广告

节目片头开始之后播出的电视广告片为贴片广告或片头后广告。有的节目片头与节目正片不可打断,贴片广告需要在节目片头前播出,这种情况下通常也会在贴片广告前播出一个类似于片头的隔段(通常形式为节目即将开始的预告,或者本节目的宣传片)以隔开时段广告。

3. 中插广告

节目播出过程中插播的广告即为中插广告,为避免观众被突然打断节目收看而产生厌烦情绪,通常用"精彩继续,马上回来"等隔段形式进行铺垫,然后再进入广告段落。这些隔段形式也被称为"开关版",开关版也可成为广告载体,后文在软广部分详述。

4. 片尾广告

节目片尾前播出的广告即为片尾广告,通常以片尾字幕为基准,节目片尾字幕前播出的是片尾广告,片尾字幕结束后播出的是时段广告(见上一段)。有时节目组会将片尾广告提前一些播出,让节目收尾处自然过渡到片尾字幕,这时的片尾广告有了中插广告的性质。也有个别情况是将片尾广告放在片尾字幕结束后播出。

综上所述,节目中插广告、贴片广告和片尾广告统称为节目内广告(或栏目广告)①,节目内广告与时段广告相对应,共同构成了电视广告产品的主体形态。有的电视媒体主打无缝编排,即全部采用节目内广告的形态,不设立时段广告,给予观众该频道节目首尾相接、连绵不断的观看感受。

(二)标版广告

标版通常的形式是全屏播出,时长多为 5 秒,或者以静态背景配以字幕动画,或者以动画形式最后落版飞出字幕,字幕内容多为"本节目由某某企业××播出",××是赞助名义,多为"冠名"或"特约"。标版的实质就是广告,因此有的广告主会剪辑 5 秒产品广告用于标版,配以字幕。

标版通常在节目片头后紧接播出。当某节目有广告主进行赞助、冠名或特约时,节目片头后会紧接着播出冠名标版或特约标版。节目在播出过程中会插播广告,标版也可能在该插播段落即将结束时播出,标版播出结束后进入下一个节目段落。有时也会在中插广告的正一位置播出,即标版播出后跟播广告片。

图 8-1　中央电视台《谢谢了,我的家》节目标版示例

图片来源:视频截图

二、软性广告

软性广告是指广告元素在节目播出过程中与节目内容同时出现,或者在内容画面中出现,或者在边框包装中出现,或者在节目声音中出现。软广具有诸多硬广所不

---

① 节目和栏目的区别与联系:电视媒体播出的所有内容统称为节目,而栏目是指常态播出的节目,通常以年为单位,每周或每日在固定时间播出。与栏目相对应的,是阶段性播出的节目,最为典型的有季播节目,通常每周播一期,总期数多在 10～12 期。另外一种比较典型的阶段性节目是晚会和临时直播等特别节目。

具备的优点,其主要有:

- 与节目内容同步,观众不会轻易离开。
- 观众潜移默化接受广告信息。
- 观众抵触和反感情绪相对较低。

但硬广的长期性和多频次等优点也是软广不具备的。因此,电视媒体在设计广告产品时通常将软广与硬广组合运用。

软广常见的产品形式如下:

(一)口播

通常由主持人在节目现场主持引导节目进展时,在其口播串词中出现企业名称或产品名称(以下简称企业元素),具体表现形式丰富多彩,最为普通的表达方式为——"感谢某某企业对本节目的大力支持"。还有在节目角色的台词中出现企业名称或产品名称,也是口播的软广形式。

近些年来,随着综艺季播节目在电视媒体和网络视频媒体的迅猛发展,各式各样的口播形式不断推陈出新,这些创意口播或者花式口播有时也成为节目的创意亮点之一,甚至会成为网络上的热议话题。

(二)字幕

含有企业元素的字幕有时在主持人口播时同时出现,其内容与主持人口播语同步。有时也会在节目进行中以游飞字幕的形式在屏幕上出现,其具体内容亦丰富多彩,不一而足,但统统都含有企业元素。

图 8-2　中央电视台《谢谢了,我的家》节目口播与字幕示例

图片来源:视频截屏

（三）角标

角标是指节目播出过程中在屏幕右下角出现的含有企业元素的标识，角标历来为广告主所看重，在节目播出过程中出现频次相对较高，并且与节目画面叠加，易被受众关注，从而增强企业元素的辨识度与记忆度。

图 8-3　中央电视台《谢谢了，我的家》节目角标示例

图片来源：视频截图

（四）边框包装

边框包装是指在节目播出过程中，画面出现边框形成遮幅，在遮幅上出现企业元素。

（五）产品摆放

产品摆放是指在节目场景中出现企业产品。通常节目会要求企业产品自然出现，避免生硬违和而引起观众反感。在节目外景中的产品摆放机会相对较多，而在室内节目中，产品摆放最常见的形式是在主持人台的台面上出现产品或企业元素，当然，前提仍然是要自然和谐。

图 8-4　中央电视台《挑战不可能》节目现场产品摆放示例

图片来源：视频截图

（六）背景板

背景板是指企业元素在节目现场舞台主背景、大屏幕、观众席背景板或其他位置的背景中出现。节目现场舞台主背景或大屏幕是主视觉区，是非常重要的广告载体，其他位置则相对属于辅助或补充。背景板出现的形式也是丰富多样，有时还会以灯箱形式出现，甚至在观众席打出横幅，或在观众方阵衣服上出现企业元素。

图 8-5　中央电视台《谢谢了，我的家》节目现场背景板示例

图片来源：视频截图

（七）地标

地标是指在节目现场舞台的地面上出现企业元素。地标是在多年前就较为常用的广告形式，后来随着电视节目形态的发展变化，地标不如以前常见，现在的节目中出现的地标设计相对于过去更具设计感，并且与节目整体画面更为和谐。

图 8-6　中央电视台《谢谢了，我的家》节目现场地标示例

图片来源：视频截图

（八）剧情植入

与产品摆放相类似,剧情植入也是企业产品在节目中出现的方式。两者本质上不同的是,产品摆放是静态的、背景性的;但在剧情中植入的企业产品,是融入节目进展环节中的,是动态的,是被当作与节目情节密切相关的关键道具或物品进行曝光或使用的。

图 8-7　中央电视台《挑战不可能》节目剧情植入示例

图片来源:视频截图

（九）开关版

开关版广告是广告开始及节目开始的提示,播出位置是在每段广告的正一、倒一的位置,即节目与广告前后连接处。开版在广告段第一条,提示广告开始,画中画画面同口播,如"广告语＋××××提醒您,广告也精彩";关版在广告段最后一条,提示节目开始,画中画画面同口播如"广告语＋××××提醒您继续收看精彩节目"。

开关版广告位置位于每段广告的正一、倒一,最大的卖点是指定位置优势。其总是出现在各广告段的首末条,处在绝佳的广告位置,不容易被删节,广告无法回避,关注度高,对需要进行高频次暴露以传达产品信息的广告投放来说更为有效、播出频次更高,保证了广告的高到达率和高收视率;干净的广告环境,提高了广告的关注度;广泛的受众面,提高了产品到达消费者的概率。

（十）名义/具名权

名义是指授予广告主与某档节目或某个频道发生深度关联的名义和权利。在节目层面,通常的形式有冠名、特约、产品赞助等。在频道层面,通常以某某频道合作伙伴或者相类似的称呼进行呈现。具名权并不单独销售,而是与其他软广形式和硬广相结合,打包成为综合立体的广告产品。广告主在得到具名权之后,也通常在销售终端和产品包装上延伸使用该名义,在其他广告载体,如户外、电梯和网络上进行广泛传播。

冠名是电视媒体广告产品体系中非常重要的产品形式,广告主在预算充足的情况下,会将冠名广告作为与节目深度合作的首选方式。

(十一)音乐植入

音乐植入是指将带有广告主标签的音乐或广告音乐作为节目的音乐素材进行使用。

(十二)理念植入

理念植入是指将广告主所宣传的企业理念或标语与节目的理念或标语相融合,或显性或隐性。显性是指在节目的外在表现里融合,比如,节目的名称或节目的各种包装、文字内容被受众直接能够看到。而隐性是指虽然从文字上并没有直接展现,但节目所表达的立意或价值主张与企业的价值观高度统一。

以上列出了电视媒体比较常见的硬广和软广产品形态,分析了电视广告产品形态的基本构成。对于硬广,电视媒体每年会公布刊例价格,也有可能年内根据市场需求情况进行调价,以时间轴为维度将频道内每个时段广告价格和栏目广告价格对外进行公布;如果某些时段广告或栏目广告有承包代理公司,则该价格由相应的承包代理公司对外进行公布(参见后文"销售体系");刊例价格通常是以 5 秒、10 秒、15 秒、30 秒的时长单位进行报价。而对于软广,则并没有针对单一形态的单独的刊例价格,因为通常情况下,软广并不单独销售,而是将两种以上的软广产品与硬广组合成特殊项目进行对外销售。在特殊项目需要定价时,电视媒体广告部门会综合考虑节目的播出时间、相应时间的硬广价格、软广产品形态的时长系数和项目的稀缺程度,以及需求状况等多重因素进行价格的确定。相应地,广告主通常也会按硬广投放和特殊项目两大类型进行电视广告投放的考量,硬广投放即是向电视媒体购买广告时间以安排电视广告片的播放,特殊项目即是将硬广与软广组合进行投放。

第二节　电视广告产品的策划与设计

在进行具体探讨之前需要先明确两个基本概念,即广告产品和广告资源。广告产品是以电视节目为载体,节目是设计广告产品的前提与基础;先有节目,然后才可能产出广告产品。在节目方案成型之后,产生具有潜在广告招商价值的广告资源,这些广告资源只有在经过一系列的通盘策划、广告回报方式具体设计和价格设定之后，才形成最终的广告产品。因此，电视广告的策划与设计，就是将电视广告资源向广告产品进行转化的过程。以下将此过程简称为产品化。

一、硬广资源产品化

一个电视频道每天播出若干独立单元的电视节目，在每个节目的前、中、后都可设立一定时长的广告时间，这些广告时间即是硬广资源；将这些资源按照 5 秒到 30 秒进行设定，其中 5 秒、15 秒和 30 秒是最常用的广告时长，然后设定与不同时长相对应的广告刊例价格，即完成硬广资源产品化。

在这个看似简单的过程里，其实需要考虑的因素往往比较复杂，主要有以下几个方面。

（一）广告时间的规划

广告时间总体分为时段广告和节目内广告。

1. 时段广告

多条广告组成一定持续时间的段落，通称为时段广告（广告时段），其相关联的考虑因素有：

（1）频道的编排策略

主打无缝编排，即节目首尾相接（通常节目之间会有节目导视）的编排策略，不设立时段广告。

（2）广告时长须符合管理规定

《广播电视广告播出管理办法》第 15 条规定："播出机构每套节目每小时商业广告播出时长不得超过 12 分钟。其中广播电台在 11:00 至 13:00 之间、电视台在 19:00 至 21:00 之间，商业广告播出总时长不得超过 18 分钟。"[①]

在电视媒体具体操作中，以小时为单位，在 1 小时内的所有时段广告时间和栏目广告时间汇总求和得到总时长，以此来看是否符合管理规定。

（3）指定位置的设定

广告时段是在两个节目之间进行播出，因此开头正数第一位置的广告和结尾处倒数第一位置的广告离节目最近，其广告播出效果最优，因而广告价值最大。正数第

---

① 《广播电视广告播出管理办法》，国家广播电影电视总局，http://www.gov.cn/flfg/2009-09/10/content_1414069.htm。

二、倒数第二等依此类推。

不是每个广告时段均需设立指定位置,市场需求是决定是否设立指定位置的唯一因素。只有广告主对指定位置具有购买需求的广告时段才会设立指定位置。

（4）不同项目的合理安排

一个广告时段可能容纳多个不同的项目,这些项目是因销售需要而产生的,比如一个时段里既有公益广告又有特别节目冠名企业的广告,还有日常的时段广告,则需要按照销售收益的多少来考量,对这些项目的播放次序做出合理的安排。

2. 节目内广告

节目内广告包括栏目广告、电视剧广告、特别节目广告等,其相关联的考虑因素有:

（1）广告插播须符合管理规定——《广播电视广告播出管理办法》,禁止在电视剧播出过程中插播电视广告。

（2）不可影响节目播出自然流畅。

（3）节目悬念处宜安排广告播出。

（4）节目内广告段时间过长是大忌。化整为零,增加广告时段次数,降低每次广告播出时长,较为适宜。

（二）广告价格的设定

广告价格的合理确定是最为复杂的过程。首先需要根据广告经营的总体态势和经营目标确定整体调价原则,即整体上涨、维持价格稳定或者下调。极特殊情况下才有可能整体下调广告价格,通常的情况是局部下调。广告价格的下调是非常慎重的,因为下调策略是在真正发生价格虚高,即价格明显高于市场预期与接受程度时才不得已而采取的。整体调价原则,以整体增长为例,并不是指普涨,而是有的广告产品价格上涨,有的不变,有的下调,平均之后实现涨幅即可。整体调价原则确立后,就需要对每个广告产品进行分析并定价,在此过程中需要考虑的因素有:

1. 历史价格

对于一个既有的广告产品,其上一年度的价格是确定新价格的基础,再综合考虑下述的所有因素即可制定出合理的新价格。而对于一个新的广告产品,没有历史价格作为定价基础,则需用同质化产品的价格作为定价参考。

2. 收视情况

收视率和收视份额是制定电视媒体广告价格重要的因素。对于一个特定的时段或节目,其收视情况是动态的、变化的,根据其上一年度的收视表现来调整其既有的广告价格以作为新的定价。收视率上涨或收视份额提高,将支撑其价格上调,反之则需考虑价格不变或适度下调。

3. 市场需求程度

市场需求程度与收视情况具有正相关性,但不是强相关。收视情况或收视表现只是奠定了基础,但营销层面的因素会起到很大的作用,比如概念化包装、市场推广动作、广告产品本身的市场稀缺程度等,都会极大地影响该广告产品的市场需求程度。收视情况好的时段或节目,如果广告主购买意愿不强,则需要探寻其真正原因。比如一些节目收视率高,但容易引起观众负面情绪,则广告主会选择避让;还有可能因为节目名字不讨口彩造成广告主不愿投放;若不是因为此类原因,则有可能是需要加强包装和推广的。但反过来,收视率低或收视份额小的节目,其广告产品不一定不被市场认可,因为在概念化包装、市场推广动作或广告产品的市场稀缺程度等方面可能比较有优势。

4. 竞争因素

竞争因素是指其他电视台或其他频道同质化广告产品的价格水平对于定价的影响。明显高于市场同质产品的定价比较难以实现销售;但有时为支撑价格体系,或为策应其他产品的销售,也会考虑制订支撑性价格而不是以实现销售为目的的价格。

（三）套装组合

套装组合是电视媒体硬广产品常见的形态,主要可分为时段广告套装、栏目广告套装和主题广告套装。

1. 时段广告套装

是指将两个以上的广告时段进行组合而形成的硬广产品。

2. 栏目广告套装

是指将两个以上的栏目的广告产品进行组合而形成的硬广产品。

3. 主题广告套装

是指围绕特定的主题,比如会议、节日,或者是特定的受众人群,将相应的时段广告和栏目广告进行组合,既可能是同一频道内的时段、栏目的组合,也可能是不同频道的时段和栏目的组合。

二、软广资源产品化

软广资源产品化的过程与硬广相比要复杂得多,主要因为产品形式更为丰富多

图 8-8 时段广告套装示例：CCTV6 晚间套

图片来源：央影(北京)传媒有限公司

播出频道	播出栏目	播出时间	播出频次	总频次
CCTV-2	《职场健康课》	首播：周二21:50-22:35 重播：待定	2次/周	18次/周
CCTV-4	《中华医药》	首播：周日18:15-19:00 重播：周一05:00-05:45	2次/周	
CCTV-10	《健康之路》	首播：周一至日18:12-18:54 重播：周一至日06:00-06:42	14次/周	

刊例价格	单位：万元/周	(自2018年1月1日起开始执行)
5秒	**10秒**	**15秒**
16.8	24.8	30.8

备注：栏目具体播出时间以《中国电视报》预告为准。

图 8-9 栏目广告套装示例：CCTV 大健康栏目套

图片来源：上海中视国际广告有限公司

样,创意空间大,对创意的质量要求也高。同时,既要追求最大化的广告效果,又要实现广告与节目的和谐自然,避免违和生硬而使节目受到负面影响。软广通常是多种产品形式加上硬广整合运作,因此不仅前期策划设计难度大,后期执行难度也大。

软广产品化过程要想深度与内容结合，主要遵循以下两点。

（一）要全面深入研究节目

对节目的了解和掌握是形成优质软广产品的基础和前提。节目是广告的载体，软广的最高境界是与节目融为一体。

（二）做整体规划

整体规划需要重点完成的内容如下：

1. 对节目整体赞助体系的构想

最为常见的是独家冠名＋特约播映（独家或两家）＋其他赞助形式（特别支持、指定产品等）。这里的"独家冠名"（简称冠名）、特约播映（简称特约）、特别支持和指定产品，既是具体的广告形式，因为广告主可将此名义用于商业需要（参见前文），同时也是一系列不同广告产品形式的整体打包，一个赞助名义的背后是由一系列具体的赞助权益和广告回报作为支撑的。赞助体系的总体规划因节目而异，可繁可简，最主要的是要预判节目的市场需求程度，如果预判企业购买意向积极，则需要把从独家冠名到其他不同层级的赞助形式都设计出来。"冠名"是价格最高、广告回报最丰厚、合作程度最深的赞助形式；"特约播映"其次；其他赞助形式的价格比冠名和特约要低，同时广告回报也相对少，合作程度也相对浅。有时也可能在预判热卖的前提下，不按上述结构进行设计，不设独家冠名，而是用"顶级合作伙伴"或者"战略合作企业"等名义代替冠名，可以有多家（多为两到三家），但同一行业内排他，即同业里只有一家名额，但可以是多个行业同时来赞助合作。这些"顶级合作伙伴"，无论是价格、广告回报还是合作程度都接近于冠名。这种非独家冠名的结构，很可能实现的总体收入是大于独家冠名结构的，因为最高的层级上可能实现三家冠名的收入体量远远大于一家（独家），同时这种非独家冠名结构，除了顶级合作伙伴之外，还可设计其他赞助形式，以吸引中小预算的投放。

很多情况下，节目的销售预期不乐观时则需采取保守策略，可采用独家冠名和独家特约的结构。只要集中时间、精力实现冠名招商成功就能达成目标；若销售不利，或者降低冠名价格，或者退而求其次，引导客户投放独家特约。

2. 通盘挖掘广告机会

在这个环节上需要深入到节目中去，一是深入研究节目方案，二是与节目主创团队紧密对接、深度碰撞。

1) 显而易见的广告机会

每个节目都天然会有一些显而易见的广告机会，具体有：

（1）节目片头

这是冠名广告的核心广告机会，片头里会将广告主的商业名称与节目名称相结合。

（2）节目片头后

这里是赞助标版的天然播出机会，观众第一眼看到片头里的节目名称和视觉效果后，紧接着便接收到广告主的赞助名义和广告信息。赞助标版后会紧接着播出广告主的电视广告片。

（3）节目中间的自然间歇

节目虽然各有不同，但都会有起承转合，都会有节目天然形成的"气口"，即一个段落收尾处和下一个段落开始前。在这些"气口"中挖掘广告机会，虽然不像节目片头和片头后那么明显，但相对来说还是容易的，只要稍加留意便可发现。这些"气口"就是在节目中间安排赞助标版播出的机会，也是节目中插广告的机会。

（4）节目片尾处

这里也是明显的广告机会，但属于广告主不太重视的地方。片尾字幕里会跟节目制作信息一起滚动播出广告主的企业名称，片尾字幕前后也是硬广播出的机会。

（5）节目现场主视觉

主视觉是现场广告的落脚处，也是显而易见的广告机会，如背景板、大屏幕、观众席背景、主持人台等。

（6）节目角标

角标是节目的标准配置，因此也是冠名广告的标准配置。节目播出过程中在屏幕右下角以广告主企业名称与节目名称组合的形式出现。

（7）显性的产品植入

显性的产品植入可以称为产品摆放，在节目现场的产品摆放是较易发现的广告机会。

（8）简单的口播

在主持人口播语或节目角色的台词中，找到合适的机会将企业名称或产品名称简单地说出来并没有难度。

2）需深入挖掘的广告机会

上述是显而易见的广告机会，然而还有些广告机会是需要深入到节目中去进行挖掘的，具体如下。

（1）节目理念与价值主张

从这里如果能找到匹配的广告主，双方的价值观或理念主张高度统一，那么这将有可能打造经典案例。这不是表象上明显外露的，需要深度挖掘。

（2）产品植入

在节目外景中寻找产品能够自然出现的广告机会，难度比室内的产品摆放要大。外景复杂、可变动空间小、现场条件制约等都是造成困难的因素。

（3）剧情植入

剧情植入是软广中最为高级的广告形态，相应的，难度也最大。广告主的产品成为推进剧情发展的关键物品或道具，广告主相关的场地或场景成为节目中与剧情紧密关联的外景地，还有其他更多创意方式，都需要在剧本层面将这些融入剧情中，像编剧一样去创作，才有可能实现剧情植入。

（4）创意口播

也叫作花式口播，是口播这种软广形式的高级形态；是在非常自然的状态下，主持人或节目中的角色以具有创意的方式将广告主的企业名称或者产品名称与前后语境顺畅衔接，从而形成极佳的传播效果。

3. 在同一个节目内统筹做好各广告产品的安排

一个节目里经常会有两个以上的广告产品，每个广告产品都是一系列软广与硬广的集合，并且在销售成功后归属于不同的广告主。对于电视媒体来说，产品之间的广告价格是有多寡之分的，按照市场规律，对电视媒体广告收入贡献最大的产品自然要优先于其他产品，这种优先性具体体现在：

（1）硬广最接近于节目内容。节目片头后的倒一位置、节目中插广告段的正一和倒一位置，都是最接近于节目内容的广告位置。

（2）软广在节目中的位置最佳。舞台主背景板、大屏幕的主视觉区域是广告主企业标识露出的最佳位置，主持人口播中最先提及的企业名称是口播的最佳位置，主持人台是产品摆放的最佳位置，片尾鸣谢字幕赞助企业名单中第一条的位置最佳，等等。

（3）独家资源优先考虑。如角标，具有唯一性，应给予节目冠名企业。还有根据节目情况产生的各种形式的其他唯一资源，都应优先考虑给到定价最高的广告产品。

在同一个节目里，做好不同广告产品之间的统筹安排至关重要。一是关系到销售是否顺畅，如果广告回报安排混乱失当，会让广告主在横向比较广告产品之间的性价比时认为定价高的产品不如定价低的，从而造成定价最高的广告产品滞销。二是关系到销售之后的执行,因为广告产品销售给广告主后,便成为具有明确企业归属的项目,与广告主利益密切相关。因此在实际广告执行中,不同项目的广告主会非常在意自己的权益是否受到影响、其他广告主的项目执行时是否越位、自己的广告执行是否不如其他广告主的项目到位等。如果在最前端的广告产品设计阶段对不同产品的广告回报规划混乱或表述不清、模棱两可,都有可能为最后的广告执行留下隐患,引起不同项目广告主之间的争端。

(三)精雕细琢广告产品

广告产品也有质量优劣之分。把上文所提及的显而易见的广告机会简单组合,形成软广产品,配以硬广,这样组装出来的只能是很普通的广告产品。只有将显而易见的广告机会与深入挖掘节目而得来的广告机会一起组合,再配装硬广,才能形成高质量的广告产品。

广告产品的质量高低直接决定了销售效果。确实存在抢手的节目,其广告产品即使简单粗糙,但节目的市场号召力足以令广告主趋之若鹜;但这终究是极少数,绝大多数节目若想广告销售顺畅,节目质量与其广告产品的质量同时发挥作用才可能实现。

广告产品质量不仅对销售具有直接影响,也关乎最后的广告效果。电视媒体的广告产品,规划并确定了广告出现的机会与位置,但在这些机会与位置上出现的广告具体如何表现,则是广告主在签订了合同并支付了广告款之后,由广告主(通常是企业的市场部)、广告主的广告代理公司、电视媒体的广告部门和节目组共同确定的。广告主对广告项目提出想达成的传播目标、具体诉求和要求,广告代理公司具体策划设计,然后与电视媒体广告部门沟通各个广告产品的具体内容和表现形式,由广告部门与节目组商议进行最后确定,以此为基础制订广告执行单,节目组在节目制作过程中依照广告执行单去落实广告项目的最终实现,这个过程就是电视广告产品的执行程序。虽然电视广告产品的策划与设计阶段并不对广告最终表现效果直接负责,但却息息相关:广告形式清晰明确、不同项目之间优先级别层次合理、定制化的设计并非放之四海而皆准的大路货设计,这些直接决定了后面执行阶段的效果。

(四)制订广告价格

软广的价格制订,也是非常复杂的过程。说其复杂,是因为不能简单地直接定价,而且与硬广定价相比,软广具有较强的灵活性。软广的广告价值制订过程如下。

1. 以节目的硬广价格作为核价基础

对于已有硬广价格的节目,其软广定价直接以其硬广价格为核价基准。对于新节目还未定过硬广价格，则需参考同频道相同或相近播出时间的节目价格，如对新节目收视预期较好，则需在参考价格上进行上调。

2. 考虑广告产品形式的调整系数

硬广是整屏播出，视频图像和声音充分表达广告主信息；而软广通常是只在节目画面中占据一部分画面，大多情况下是没有广告主信息的声音，当软广画面出现时同期是节目自身的声音。像主持人口播，虽然声音中出现广告主信息，但画面上最多是以字幕条相配合。因此，软广需在硬广价格的基础上考虑下调，不同的软广形式可以根据具体情况制订不同的调整系数。

还有一种加价系数，例如冠名、特约等名义，以及具名权广告形式具有溢价的理由，因为企业可以在电视媒体之外、在销售终端或其他广告媒体延展使用，所以赞助标版可以设定上调系数。

3. 考虑销售因素

设计广告产品的最终目标是实现销售，调价的目的一是避免滞销，二是争取实现广告价值的最大化变现。

在一系列软广和硬广组成的广告产品中，每个软广都有根据硬广价格测算出来的定价，然后与硬广汇总相加得出该广告产品的定价。但在实际业务操作中，往往要对通过数学方法简单相加而得来的定价进行调整。一种情况是通过分析市场状况预判该广告产品较受市场欢迎，则可以在前述价格基础上进行上浮以实现产品溢价；另一种情况是销售遇冷，则可以对前述定价进行下调。

第三节　沟通的桥梁与媒介——广告招商方案

电视广告产品经过策划设计之后，需形成能够与广告代理公司和广告主进行沟通的具体文案，这就是广告招商方案（后文简称招商方案）。招商方案具有一定的通用格式，但至今没有标准格式，因为在实际业务操作中不同电视媒体单位都有各自的风格与特色。招商方案不仅在对外销售的过程中是买卖双方沟通、协商及谈判的要约文件，而且是广告合同的依据，也是广告执行的原始依据。下面以 2019 年 CCTV2《职场健康课》独家冠名广告招商方案①为例进行解析。

---

① 招商方案与表格来源：中央电视台广告经营管理中心。

一、标题

由频道名称＋节目名称＋广告产品名称＋招商方案（或其他说法）构成。

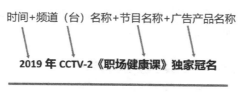

图 8-10　广告招商方案标题组成示例

二、节目简介

这部分是对节目的简要描述，除了表述节目的背景、意义和创作目的，以及言简意赅介绍节目的内容与形式之外，更为重要的是要对节目的亮点有所提炼。节目亮点提炼得准确充分，表达具有冲击力，将有可能在最短时间内激发广告主的购买意愿。节目简介部分也是电视媒体广告部门对广告产品的载体——节目所做的广告。

【节目看点】	● 更权威的健康类栏目。节目由财经频道与国家卫生计生委宣传司、中国健康教育中心联合制作，汇聚国内顶尖医院和专家的稀缺资源，致力于为职场人士提供更实用的健康服务
	● 引人入胜的节目环节。节目以实际案例的小片贯穿全篇，现场由权威专科医生科学解读案例，用有趣的现场实验演示发病机制和预防方法。用年轻态的语言，做一看就懂的医学科普节目

图 8-11　广告招商方案节目简介部分内容示例

三、广告产品亮点

广告主既关心节目是否匹配自身需求和节目质量高低，也关心广告产品的质量，包括广告回报是否丰富、广告形式是否适合企业元素融入节目、价格是否符合预算、受众是否与企业目标人群相一致，等等。与其让广告主自己在方案正文中寻找答案，不如在前面介绍部分将广告主关心的要点进行提炼，并用修饰性的语言简短有力地表达出来。广告产品亮点也是电视媒体广告部门对自身产品所做的广告。

【广告亮点】	1. 财经频道唯一的健康类节目
	2. 锁定职场人群。节目定位精准，依托财经频道优势平台，聚焦 30~55 岁、高学历、高收入的职场中坚力量，覆盖健康产业消费的主力军

图 8-12　广告招商方案广告产品亮点部分内容示例

四、节目播出安排

在节目与广告产品的总体介绍完成之后和方案正文开始之前，需要将节目的播出安排做清晰明确的陈述。具体包括：播出频道、播出时间、播出日期、播出规律（每日播出或每周几播出）、节目期数等。

【节目播出安排】 CCTV-2 首播每周二晚 21:45—22:30

注：以上栏目播出时间为暂定时间，具体播出时间以《中国电视报》预告为准

图 8-13　广告招商方案节目播出方案部分内容示例

以上共同组成了项目简介部分，在实际工作场景中也被俗称为"帽子"。下面介绍方案正文部分。

五、方案正文

方案正文是要将所有软广和硬广的细节陈述清楚。

首先是广告产品名称，即冠名、特约播映或其他广告产品名称，因标题处已经标明了广告产品名称，所以此处有时从略。

然后是说明广告投放周期，即广告的开始和结束时间。此处需要注意，节目的开始和结束时间，与广告的起止时间有时一致，但很多时候是不同的，通常广告的投放周期大于节目的播出周期。主要原因是节目正式开播前通常会有预告期，在预告期内会在全天时间滚动播出节目宣传片，节目宣传片会带广告元素进行播出，这已经是在对广告主落实广告回报。

广告投放周期之后是"名额—独家"，或其他名额数量。如果是两家以上的名额数量，需规定行业内排他，即同一行业内只有一家企业的名额，但行业可以是两个以上。例如联合特约，名额只有两家，接洽或成交的广告主为日化企业一家，白酒企业一家，日化和白酒就是两个不同行业。

【广告投放周期】	全年 53 期
【名额】	独家

图 8-14　广告招商方案正文部分内容示例 1

接下来进入具体陈述广告回报细节部分。这里的广告回报，是处于销售方的电视媒体向处于购买方的广告主进行陈述时的语态。方案里介绍的所有广告产品细节，对

于广告主来说都是具体的广告回报,是广告主付费后将得到的所有回报。

广告回报的描述,通常按照从节目开始到结束的顺序进行,即按照片头、片头后、片中、片尾的顺序,将每块相关的广告回报形式进行具体阐释与描述。这一部分最为关键,既是对广告主的商业承诺,又是电视媒体内部工作流程的重要依据。

【广告回报】		
冠名权益		冠名企业在其商业宣传片中可使用由冠名企业名称和节目名称组成的联合标识,须经广告经营管理中心审定并备案。
【宣传片广告回报】		
宣传片	形式:	宣传片时长15秒,画面落版为《职场健康课》节目标识与冠名企业名称或标识同屏展现,并口播配音"《职场健康课》由×××(企业名称)独家冠名播出"(内容可协商确定)。(具体形式与栏目组协商确定)
	频次:	财经频道每天播出1次,全年共计播出365次。
【节目内广告回报】		
冠名片头	形式:	节目片头画面出现由冠名企业名称和节目名称组成的联合标识。
	频次:	1次/期,首播共计53次。
转场片花	形式:	节目中插播片花出现"×××(冠名企业名称)职场健康课"联合标识。
	频次:	4次/期,首播共计212次。
5秒冠名标版+15秒企业广告	形式:	冠名标版时长5秒,画面出现冠名企业名称和标识,配音:"职场健康课由×××(冠名企业名称)独家冠名播出"(口播语可协商确定)。冠名标版后播出15秒企业广告1条。
	位置及频次	节目内片头后、节目内中插一广告段正一位置。2次/期,首播共计106次。
角标	形式:	节目播出时,屏幕右下角出现"×××(冠名企业名称)职场健康课"角标,播出时长不少于节目时长30%。
现场布景	形式:	节目演播室现场布景中可出现冠名企业元素或与节目标识组成的联合标识,并给予镜头体现,具体形式须根据节目设计,由广告中心、栏目组、冠名企业协商确定。
产品植入	形式:	节目演播室现场中可摆放冠名企业产品或带有冠名企业元素的物品(视冠名企业产品特性决定),具体形式须根据节目设计,由广告中心、栏目组、冠名企业协商确定。
主持人口播	形式:	主持人介绍节目名称时提及企业名称,内容为:"欢迎您收看由×××独家冠名播出职场健康课"(口播内容可协商)。
	频次:	2次/期,首播共计106次。
字幕	形式:	节目进行中出现压屏字幕,字幕内容出现:"本节目由×××独家冠名播出"字样。
	频次:	2次/期,首播共计106次。
片尾鸣谢	形式:	节目片尾出现冠名企业名称与标识。
	频次:	1次/期,首播共计53次。
【中央广播电视总台新媒体广告回报】		
一、新媒体直播电视信号同步带入企业视频广告。		
二、央视财经客户端广告回报:		
(一)启动页广告:		
启动页-开机启动图(1/4轮)—广告回报期:10天		
(二)视频播放页广告:		
视频播放页—15秒视频前贴片(1/4轮)—广告回报期:10天		

图 8-15　广告招商方案节目播出方案部分内容示例 2

六、报价

陈述完广告回报之后紧接报价,通常是报刊例价。刊例价格打折之后为实付价格。

【刊例价格】	2 988 万元

图 8-16　广告招商方案报价部分内容示例

七、备注和落款

备注或说明,是将节目或广告安排中需要强调的注意事项一一列举说明。

落款很重要,落款标明电视媒体广告部门单位名称,并会加盖公章,以证明产品正式身份并具有法律效力。

说明:

1. 栏目具体播出时间以《中国电视报》预告为准。
2. 如因特殊原因导致栏目首播节目未能播出,广告将安排在当日同等时段的节目内播出;如广告未播出,将按照价值对等原则安排补播。
3. 节目重播时广告带入,如因特殊原因导致重播节目内广告未能播出,不予补播。
4. 央视广告经营管理中心对页面数据拥有版权,对互动数据拥有知晓及使用权。合作方如需对外公布互动数据,需经广告经营管理中心备案。
5. 新媒体广告回报最终解释权归广告经营管理中心所有。
6. 本方案广告段名称仅供参考,以最终合同为准。

23

中央电视台广告经营管理中心

图 8-17　广告招商方案备注与落款部分内容示例

第四节　电视广告产品体系的搭建

一个电视媒体单位,或者是单频道,或者是拥有两个以上的电视频道,如何将单频道或多频道的广告资源最大化开发,形成能够实现最大化销售的广告产品集群,这是电视媒体广告部门的使命和职责所在。众多的广告产品组成集群,形成层次,便成为广告产品体系。广告产品体系中,核心产品最为关键,核心产品往往是以晚间黄金时间为基础资源而打造的软广或硬广,在产品体系中是最具普适性的产品,相对其他产品,主核心产品能够匹配更多的行业,广告价格也最高,通常能吸引各行业中名列前茅的广告主购买投放。核心产品能够奠定销售收入大盘基础,只要核心产品的销售情况稳定,那么整体广告收入状况便会较为良好。其他产品则要形成对核心产品的有力补充,其价格相对核心产品偏低,以满足中小企业需求,也要有匹配特定行业投放需求的特色产品。核心产品通过吸引大单投放创造主体收入,其他产品充分吸引中小体量投放预算,这样的产品体系是合理、健康的体系。

一、单频道的产品体系

大体可分为以硬广为核心产品的产品体系和以特殊项目为核心产品的产品体系两种类型。

(一)以硬广为核心产品的产品体系

是指以晚间收视高峰时的广告时间资源为主体而设计的广告产品,其广告形式就是硬广,通常的做法是将晚间收视高峰时的黄金时间与非黄金时间进行组合,设计成硬广套装。有些电视媒体的广告主体收入便是由这样的硬广套装产品来实现的。或者通过制定销售政策,实现黄金时间与非黄金时间的组合销售。

 案例

CCTV-1 的硬广产品体系

CCTV-1 全天 30 余个广告时段,其中黄金时间广告段由《新闻联播》前、《新闻联播》后、《天气预报》中插、《焦点访谈》前、《焦点访谈》中插和《焦点访谈》后等广告时段构成。这些黄金时间每年通过招标竞购的方式进行销售(招标竞购参见本节"自营"部分)。中标企业除了获得黄金时段的广告时间,还享有优惠政策以购买 CCTV-1 的非黄金时间广告,甚至其他频道的广告时间。这样的销售政策,实现了黄金时间与非黄金时间的组合销售。招标竞购实现的广告收入构成了 CCTV-1 的主体收入。

(二)以特殊项目为核心产品的产品体系

以晚间黄金时间播出的栏目或季播节目的广告资源设计的广告产品是以特殊项目为核心产品的产品体系,它由特殊项目像冠名、特约、产品赞助等和硬广贴片共同形成核心产品。有些电视媒体以这样的核心产品支撑其广告收入主体,并且通过核心产品盘活全天广告时间资源,带动全频道整体的广告创收。

案例

北京卫视特殊项目广告体系

2017 年北京卫视全力打造跨界品牌,以《跨界歌王》和《跨界冰雪王》为季播节目龙头,同时与电视剧场强势联动,形成了季播节目及电视剧场的冠名、特约、赞助及贴片广告产品带动频道整体销售的局面。季播节目和电视剧场的广告收入构成了北京卫视整体广告收入的主体。

二、多频道的产品体系

拥有多个频道的电视媒体,以频道为单位,将频道内所有广告产品看作一个单频道产品,多个单频道产品组合成为多频道产品体系,所有频道产品共同组成全台产品体系。同样的,也要有主力频道,以及各具特色、能够与主打频道形成支撑和补充的频道,形成梯度与层次,共同构筑全台产品体系。主力频道对于电视媒体整体广告收入意义重大。

好的产品配备充分的销售,是取得广告创收成功的关键所在。因此,产品体系与销售体系共同构成电视媒体广告经营发展的双轮驱动。销售体系是多种销售方式共同构建起来的体系,从微观层面看,需要确定哪种广告产品适配哪种销售方式;从全台高度看,需要从战略层面确定哪个频道适配哪种销售方式。中国电视媒体常见的销售方式简单梳理如下。

(一)自营

自营是指电视媒体广告部门自行组建销售团队,向广告主推介广告产品,跟进销售,促成广告主签订购买协议。自营常见的销售方式有:

1. 常规销售

日常会随时发生的销售。销售人员将广告产品推介给广告主,或者广告主主动提出购买需求,到电视媒体广告部门签订播放协议(也就是购买合同)并付费,这个过程就是常规销售。在这个过程里,有的电视媒体(如中央电视台)必须让广告主委托的代理公司来签订协议或合同。

常规销售本质上就是零售,虽然平日经常发生,但电视媒体广告收入的主体部分却是由预售来实现的。

2. 预售

预售是电视媒体广告经营的重要销售方式。在每年 9 月至 11 月期间,电视媒体提前销售下一年度的广告产品,即为预售。通过预售会提前锁定下一年度一半左右或一多半的收入数字。当然,预售更多实现的是购买意向的确定,通常是广告主交付保证金或定金,购买意向会在广告主所预购的广告产品真正播出或执行之前交付广告款时转化为真正的购买。这样,提前锁定的收入数字会逐步转化为真正的广告收入数额。

预售是一种制度安排,与广告主在年底之前确定下一年度广告预算框架的安排紧密相关。广告主会在这一时期策划并确定下一年度的整体营销计划和广告计划,会与媒体对接匹配需求的广告产品,或者延续传统项目,或者力求发现新的产品。

常见的预售方式有竞购和认购。

竞购是指广告主通过竞价方式购买电视媒体广告产品的行为。当广告产品具有稀缺性或者唯一性,且市场的购买需求明显大于供给时,就具备了竞价的基础。在具体实施中,电视媒体公布标的物(即广告主将竞购的广告产品)、标底价、竞价方式和规则,然后广告主正式开始出价,超出标底价并符合加价规则的报价是有效价格,在规定时间内或者拍卖师落槌时出价最高的广告主获得该广告产品。竞价方式分为明标和暗标,明标是广告主现场举牌报价,所出价格全场可见,一般需要多轮竞价比拼,最终有广告主胜出;暗标是广告主自行填写价格,然后密封,交至组织方指定的投价箱或工作处,在规定时间结束后,统一开封,公布最高价格及出价的广告主。暗标基本上只有一次机会,因此是一招决胜负。竞价的场所也可分为现场竞标与网上竞标。现场竞标可以采取明标或暗标,而网上竞标较多采用暗标方式。

认购是指广告主按照电视媒体公布的广告产品价格进行购买,有时也会遇到需求大于供给的情况,这时一般是按照先到先得的原则确定产品归属。先签订购买合同,并在规定时间内交付保证金,即可先得。

在预售期内,电视媒体会尽可能将具备销售可能的广告产品提供给广告主进行竞购或认购。抢手的产品会考虑以竞购方式进行销售。对于那些持续全年的广告产品,比如某档全年栏目的硬广贴片,电视媒体不会零散销售,会以季度、半年或全年的投放时间规格进行销售。因为预售的意义在于最大化提前锁定广告主投放预算,除了竞购产品是以竞争定价外,电视媒体会对认购产品价格采取优惠措施,以吸引广告主提前确定购买。支撑优惠的直接因素就是广告主的大宗购买,买家既是提前购买,又是大单,优惠或打折的理由自然非常充分。想零散购买的广告主,只能在预售结束后进入零售阶段去购买,但其零售价格一定是高于预售价格的。电视媒体为维持预售一年接一年的稳定局面,必须坚持上述销售原则,否则会降低广告主参与预售的积极性,转而等待以后再零散购买。

(二)承包

承包也叫作独家代理,是指电视媒体将广告产品委托给某广告公司进行销售,该广告公司成为该广告产品的承包公司,承包公司按照整体购买的价格与电视媒体结算,承包公司具有销售定价权,承包公司销售给广告主的销售价格高于承包公司与电视媒体的结算价格。

电视媒体与承包公司以承包协议的形式确立承包关系,通常以年为单位,若经营正常,下一年度承包公司具有优先续约权。

当电视媒体的广告销售团队人数和力量有限、不足以实现全台广告产品的最大销售时,便有可能采取承包方式,将部分广告产品交由承包公司去具体经营并达成销售,通过借助外部广告公司的销售力量来实现更大的广告收入。

承包产品通常为硬广,即栏目广告、时段广告套装、栏目广告套装。电视媒体也会将某个完整频道的广告产品交由广告公司承包,包括该频道内的所有硬广和软广。

(三)区域代理和行业代理

区域代理是指电视媒体针对某电视广告产品划定销售市场区域,每个区域指定一家广告公司作为代理公司,区域代理公司负责将该广告产品销售给本区域内的广告主并完成电视媒体所下达的区域销售收入任务指标。区域代理公司在划定区域内的广告销售权是独家的,其他广告公司不能在该区域内直接向广告主销售该电视广告产品。电视媒体有维护市场秩序的权利与义务。

行业代理是指电视媒体针对某电视广告产品,以行业为单位,指定某一行业由一家广告公司作为代理公司,行业代理公司负责将该广告产品销售给所负责行业内的广告主并完成电视媒体所下达的销售收入任务指标。与区域代理类似,行业代理公司在该行业的销售权也是独家的,是受电视媒体保护的。

区域代理和行业代理这两种销售方式,特别是区域代理,是其他行业较为常用的方式,但电视广告产品不是实体产品、不是实物形态,这两种销售方式在实际操作中面临很多具体问题。

(四)广告产品体系的共性原则

以上简要介绍了电视媒体运用的销售方式,不同的广告产品需要适配符合销售需要的销售方式。虽然微观产品层面的问题需要针对具体情况去具体分析,但从广告经营的战略层面,从全台整体的产品体系和销售体系着眼,还是有共性的原则需要

去把握,具体如下:

1. 广告资源以强带弱

电视媒体全天的广告时间中有相当一部分白天和深夜的非黄金时间不具有单独销售的可能性,因此需要与黄金时间打包销售才能实现对其资源的利用。在设计产品时,将黄金时间与非黄金时间组合设计套装产品,将有可能充分盘活非黄金时间。

非黄金广告时间也可以用于特殊项目,多用于节目宣传片的播放。当节目在一定时期内进行集中宣传时,需要全天多频次播出宣传片,因此黄金时间与非黄金时间都需要有宣传片的曝光。

在软广中也有很多不能单独实现销售的资源,如字幕、口播等,也需要与其他更具商业传播价值的资源组合在一起去设计广告产品,进而实现销售。

2. 广告产品以强带弱

与上述相类似,广告产品体系中既存在用黄金时间设计的广告产品,也存在用非黄金时间设计的产品。在销售黄金时间广告产品时,可以制定配套非黄金时间的销售政策,以实现打包销售的目的。有些硬广产品并不是在黄金时间播出,但因为某种原因也很畅销,那么该产品也可以用来与其他弱势产品组合销售。同样地,特殊项目也可成为带动非黄金广告时间的硬广产品或其他弱势项目的销售。

这种以强带弱的销售政策和上一条中提及的组合设计广告产品的做法,在现实中不同的电视媒体都有操作。

3. 核心产品自营为宜,新产品适于承包

核心广告产品应该由电视媒体广告部门自营,以便直接接触、维系并掌握主要的广告客户群体。同时,核心广告产品也决定了整个产品体系的价格水平,在整体价格体系中,核心广告产品的价格是标杆。前文提到,核心产品会通过销售政策与其他产品组合销售,这些产品的价格起到支撑核心产品价格的作用,甚至在无人购买时也需要维持一定的价格水平,目的是策应核心广告产品价格坚挺。核心产品在广告产品体系中如"定海神针",电视媒体广告部门通过自营来直接掌握其销售价格的定价权、调价权,便是将经营主动权掌握在自己手中。

电视媒体不断研创新的栏目或特别节目,会产生新的广告产品。新产品需要市场培育,需要市场推广,需要大量的营销努力。而电视媒体自身广告销售团队人力有限,便需要借助承包公司的团队努力去实现新产品在面市初期的最大化拓展。

第九章
视频自媒体类产品的设计与创作

第一节 自媒体与视频自媒体
的概念、特点与类别

一、自媒体的概念

"自媒体"这个概念是由美国新闻学会在 2003 年 7 月提出的,定义是:"We Media 是普通大众经由数字科技强化、与全球知识体系相连之后,一种开始理解普通大众如何提供与分享他们自身的事实、新闻的途径。"[①]这里强调的传播人是"普通大众",传播内容是"自身的事实、新闻",传播途径是"数字科技(互联网)"。

自媒体的概念传入中国后,其概念的内涵和外延一直在不断地变化中,至今没有更权威的说法;但是对这个概念,大家似乎更约定俗成地认为,它是个人或者机构(包括公司、工作室等形式)等非官方组织,在互联网平台上开设的以传播信息为主要目的的账号,账号里发布的内容可以是自己的所见所闻、唱歌跳舞、做饭打牌、谈情说爱,也可以是讲解财经知识、解说足球或者分享自己的育儿经验、减肥心得等,五花八门,包罗万象。

中国的自媒体演变历程始终跟随着主流平台的嬗变:早期流行博客、微博等,自媒体主要以图文为主;后来微信公众号、今日头条、抖音、快手、美拍、喜马拉雅成为风口平台后,短视频、音频又成为极为重要的补充。所以,自媒体形态主要分为图文类、视频类、音频类三大种,视频自媒体是本章重点讨论内容。

二、自媒体跟新媒体的区别

"新媒体"(New media)早于"自媒体"的概念,它是 50 多年前的 1967 年由美国哥伦比亚广播电视网(CBS)技术研究所所长 P.Goldmark 提出的。两年后该词还出现在提交给时任美国总统尼克松的报告中,新媒体一词的流行始于美国并蔓延至全世界。联合国教科文组织对新媒体的定义是:"以数字技术为基础,以网络为载体进

---

① 百度百科:自媒体,https://baike.baidu.com/item/自媒体/829414? fr=aladdin。

行信息传播的媒介。"

从概念可知,新媒体是相对传统媒体(广播、电视、报刊等)来说的,传播的载体是基于互联网。所有的传统媒介改为互联网传播后,就变成了数字格式,名字也就成了数字电视、数字广播、数字报纸、数字杂志,统称新媒体。传播方式虽然改变了,但是这些媒体实际的发布者还是具备相当门槛的专业机构,并不是人人可做。

"自媒体"(We Media)是新媒体的一种,它跟新媒体之间虽然都是基于互联网的传播,但是二者最大的区别在于,自媒体不再由专业媒体机构主导信息发布,门槛降低至普通民众。存在的方式是在互联网信息平台上开设

图 9-1　新媒体与自媒体的关系

账号,如今日头条、抖音、快手、西瓜视频、爱奇艺、优酷、微信公众号等。

三、视频自媒体的特点

视频自媒体是指在传播信息的过程中把视频内容当作信息载体的一种自媒体形式,其中短视频自媒体是视频自媒体中相对主要的模式,时长通常在数秒至几分钟不等;它融合了文字、语音、音乐和视频,可以更加直观、立体地满足信息的记录、分享诉求。现在流行的短视频自媒体平台简称为"两微一抖",即微博、微信和抖音。

短视频自媒体正在经历一个非常良好的外部环境:政策监管规范化、移动设备和 4G\5G 的普及与上马、用户消费升级的变化、智能手机的不断更新和使用便捷等。短视频自媒体这几年一直都在风口浪尖上,对它的设计不仅是一门新知识,也是将来的重要行业和从业者的一项生存技能。

(一)短视频自媒体使用场景丰富,已经融入生活方式

国内视频全网大数据开放平台卡思数据调查显示,短视频自媒体独立用户数已经达到 5.08 亿,占国内网民总数的 46%。这就是说,每 2 个网民中就有 1 个使用的是短视频,抖音上日均用户活跃时长是 76 分钟,快手是 60 分钟。①

---

① 卡思数据:《2019 短视频内容营销趋势白皮书》,2018 年,http://www.sohu.com/a/284419933_114819。

热门短视频 App 的用户规模接近 6 亿,总使用时长增速明显,已经几乎持平于传统在线视频 App,如爱奇艺、优酷等。刷爆抖音、快手的热门小视频,圈走了 1/10 的"国民总时间"。根据国内移动互联网大数据监测平台 Trustdata 数据分析,有 88% 的互联网用户会使用短视频社交,79% 的互联网用户通过短视频获取新闻资讯,70% 的互联网音乐用户通过短视频观看音乐 MV 或音乐专辑,41% 的互联网用户电商购物时会观看短视频展示。[①]

(二)短视频自媒体是投资热点

短视频行业由三大板块构成,即短视频内容、短视频工具和短视频平台。从图 9-2 可以看出,2012—2017 年,对于短视频内容的投资已经占到短视频全行业投资的 1/3。而在 3 年前,短视频平台的投资还是处于绝对领先地位,这说明在平台建设丰富的同时,好的内容是稀缺的。

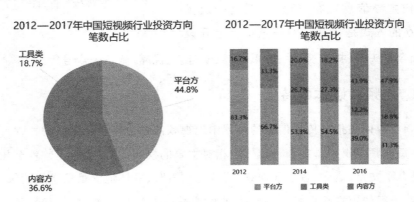

图 9-2   短视频行业投资方向对比

资料来源:艾瑞咨询,《2017 年中国短视频行业研究报告》

在短视频平台和自媒体先后被资本加持后,短视频自媒体在数量和质量上已经受到了金主的青睐。腰缠万贯的广告主把巨额的广告费用从传统媒体转给自媒体。据卡思数据预测,到 2019 年短视频广告市场的规模将达到 216 亿元人民币,到 2022 年将突破 500 亿元人民币大关。

(三)短视频自媒体的"粉丝画像"

要想学习如何设计自媒体这款产品,首先你要了解哪些人对自媒体感兴趣。大

---

① Trustdata:《2018 年短视频行业简析:内容逐渐多元丰富,头条系产品后来居上!》,2018 年,http://www.199it.com/archives/730075.html。

数据平台可以抓取这些粉丝的年龄、地域分布、男女比例等数据，这些数据叫作"粉丝画像"。以下短视频粉丝画像来自国内视频全网大数据开放平台卡思数据根据抖音、快手、哔哩哔哩、美拍、秒拍、西瓜视频、火山小视频七大短视频平台数据发布的《2019短视频内容营销趋势白皮书》。

1. 女性站稳半壁江山

根据白皮书显示，粉丝性别占比接近持平，女性略微领先；短视频的用户下沉到了三四线城市，一、二线城市总体数量还是最为庞大的受众，占比近50%，内容的精致度还是很重要的。

2. 广东粉丝名列前茅

从地域分布来说，广东在各种互联网用户排名中毫无悬念地位列第一，并列其后三名的是江苏、河南、山东，这几个地方也是中国的人口大省，区域从沿海向内陆地区延伸。

3. 低龄群体为主要群体

短视频自媒体用户中18～24岁、25～30岁这两个年龄段占比近50%，"85后""95后""00后"，位列第一梯队；第二梯队是18岁以下，这部分人数不可小觑，竟然占比近25%；第三梯队是年龄在31岁以上用户，"80后""70后""60后"为第二梯队的父母爷爷奶奶辈，整体占比近25%。可见短视频自媒体的重度用户还是30岁以下的年轻人，他们共同关注和差异化关注的内容还是偏休闲娱乐，这跟这个年龄段的普遍爱好有关。[①]

四、短视频自媒体的三种制作模式

UGC、PGC、PUGC这三个概念在短视频行业很常用，它们既被用来划分自媒体，也被用来区分不同的平台。因为短视频一直以来都在动态发展，三者之间概念的边界是模糊的。通常公认的说法如下：

UGC(User-Generated Content)——用户生产内容，所谓用户就是指某个互联网视频平台的使用用户，在注册了账号后就具有可以上传视频的权限。账号拥有者不具备专业的短视频制作能力，可以不用规律地、按照统一主题发布内容。最早的UGC平台就是优酷，现在拥有UGC用户量最多的是快手。

PGC(Professionally-Generated Content)——专业生产内容，所谓专业是指视频生产者具备一定的专业能力、专业设备等，如影视等相关专业科班出身，这类内容多

---

① 卡思数据：《2019短视频内容营销趋势白皮书》，2018年，http://www.sohu.com/a/284419933_114819。

具有一定的组织化背景,如影视公司、广告公司、专业的影视制作机构等。

PUGC(Professionally User-Generated Content),这类制作者比较复杂和特殊,它们多半是指专业从事内容制作的机构,组织非专业人士,按照一定的主题和目的批量地制作短视频。例如"梨视频"是以招募拍客的方式运营内容,平台旗下的拍客上传给梨视频平台的素材或者来源于现场拍摄,或者来源于搜集,然后平台的专业人员对其进行后期编辑;再例如"西瓜视频"上的家庭主妇、农妇每天做各种花式饭菜,基本是依靠手机拍摄,角度也很单一,她们中的很多人就是被专业运营公司所签约的自媒体。如果这些公司签约的都是专业的自媒体生产者,那么这类就算 PGC。

五、短视频自媒体的分类

作为自媒体从业者,当你制作完视频上传到各个主流平台时,需要给自己添加标签,这个标签就是平台引导你的作品进行分类,通常被称作垂直类别,简称"垂类",比如健康、财经、母婴等。不同的平台对于内容的分类有少许差别,根据卡思数据《2018年度 PGC 节目行业白皮书》对抖音、快手、哔哩哔哩、美拍、秒拍、西瓜视频、火山小视频七大短视频平台常见的 17 个垂类内容进行分析,这些垂类内容首先都逃不掉更宏观的分类,即"红海""蓝海"。红海要根据自我专长谨慎进入;蓝海虽然竞争的激烈程度降低,但是市场份额和流量占比也相对低,需要有一个长期的运营过程。

（一）处于红海区域的自媒体类别

卡思数据发现生活资讯、美食、时尚美妆、游戏、搞笑、少儿、剧评 7 个分类位于红海区域,在抖音、快手同类内容的冲击下,已脱离深红海区域。

排名前 5 的垂类流量占到了全平台的 65%,它们分别是少儿、生活资讯、美食、搞笑、游戏和其他类。

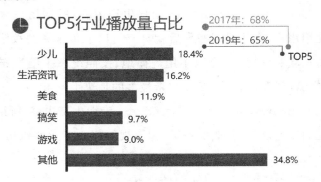

图 9-3　短视频排名前 5 的垂类节目播放量占比

资料来源:卡思数据:《2018 年度 PGC 节目行业白皮书》

（二）处于蓝海中的自媒体类别

卡思数据发现，财经、母婴、运动健康、科技、汽车、文化教育、军事、旅游、娱乐、音乐舞蹈10个分类呈现蓝海特征。

第二节　短视频自媒体的设计与创作

短视频自媒体的设计与创作分为五个大的方面：如何选择垂类、如何打造人设、如何进行原创IP的创作、如何运营平台与粉丝、如何变现。本书将分别选取平台上知名度及粉丝数量较高的不同垂类自媒体进行实操讲解。

表 9-1　本书短视频自媒体案例简介

自媒体名称	垂直内容	粉丝数/会员数	简　　介
德林社	财经	300万/2万	2014年创立的重度垂直财经视频自媒体，国内第一档迷你财经脱口秀节目，史上最短、最爆、最有趣的财经脱口秀
桃桃妈养娃记	母婴	220万	2018年创办的抖音原生母婴自媒体，用最通俗的语言分享最实用的母婴经验
Bigger研究所	生活资讯	1360万	2016年10月创立的生活方式自媒体，papitube签约博主，以种草评测形式为主，分享生活好物，探索世界惊奇
路咖汽车	汽车	100万	2018年创办的汽车垂类黑马，致力成为汽车垂直类第一视频营销平台

一、如何选择垂类

进入自媒体行业，首先面临的就是到底选择哪一个领域，这取决于自媒体创始人擅长、让人信赖的专业（从业）背景以及市场资源优势、市场需求等，只有打通这几个方面，垂类才能构建起一定的门槛，更受投资人和金主的青睐。

作为财经类头部自媒体，"德林社"的创始人李德林是著名财经作家，曾任《证券市场周刊》编委、副主编，2014年辞职创业。很显然，"德林社"垂类选择跟创始人深厚的财经报道从业经验密不可分。

汽车类自媒体"路咖汽车"创始人何醒言毕业于华中科技大学新闻系，曾任《新京报》汽车周刊主编，转战汽车短视频自媒体水到渠成。

"桃桃妈养娃记"中的桃桃妈马琳娜是毕业于中国传媒大学、有一个两岁儿子的辣妈,她的理念是"节目内容应该是一种生活方式,这样节目也会做得得心应手"。最初马琳娜在选择垂类时也曾走过弯路,作为影视专业科班出身的她,拍摄任何题材似乎并不受限制,最初她和影视经验丰富的同事创办健康垂类自媒体"马大明白"时,虽然也走的是幽默解读健康知识的路线,但是因为主创均非医学专业的背景,在节目的权威性上过度依赖专家,没有深入的个性化见地,节目的权威性和黏性都不太成功。"马大明白"虽然从制作水准高于"桃桃妈养娃记",但是一旦涉足自媒体行业,技术优势明显不如创始人的专业背景权重更大。

在选择垂类时,从营销价值看,搞笑类、娱乐类的营销价值远在垂直内容之下,例如同为100万粉丝的搞笑博主和美妆博主,搞笑博主刊例报价是在几千至几万不等,美妆博主在几万到十万不等,以每月商业收入来看,美妆博主收入往往会高出搞笑博主10倍左右,这就是垂直领域和泛娱乐领域之间的区别,垂直内容是解决用户的专业需求。

二、如何打造人设

"KOL"是关键意见领袖(Key Opinion Leader),指的是在某些领域内拥有一定话语权的人,在短视频自媒体领域通常是指具有一定粉丝量的达人。

"人设"是影视动漫里的概念,指一个人物在服装、造型、性格等方面的人物设定,后来延伸到影视圈影视明星的个性打造。像岳云鹏走的"贱萌"人设,吴秀波坍塌的是他的"痞大叔"人设。人设标签并不是天生具有,也并不是一个人的全部特点,是经过调查与分析自身优势重点提炼和强化的。如果把节目创作比作一个工厂的生产,那么要想让产品在趋于饱和的同类产品中被关注到,工厂就要给这个产品设计一个独特的卖点,也就是给它包装出一个概念,而概念核心附着在 KOL 身上。没有人设的 KOL 就相当于没有任何辨识度,在自媒体这个以追求个性化为标签的行业中是无法存活的。

纵览当下热门平台上的自媒体,KOL 都带有一定鲜明的性格特点。被称为"追星锦鲤"的李雪琴,因在清华大学门口喊话吴亦凡后被吴亦凡出镜回应而"一战成名"。这位毕业于北京大学、在美国读研、有抑郁症病史的姑娘是网红中的"反网红",其貌不扬、一本正经地用东北话插科打诨,在千篇一律的"无脑"锥子脸中脱颖而出。

1993 年出生的毕导,是清华大学化工系博士生,他给自己的定义是"一个爱开脑洞的科学段子手",他所拍摄的在西安入住兵马俑主题酒店的 vlog 短视频,登上了微博热搜排行,在微博和抖音上累积粉丝 100 多万,日常的内容里不乏一些生活常识的科学解读。

　　"路咖汽车"在主持人的选择上曾经首选俊男靓女,经过基于相似选题、相近发布时间、同样标题结构和封面图特征进行的一系列测试后,最终得出这样的结论:对于汽车评测类内容,对用户可感知的专业知识输出仍是其核心价值,虽然现在是"看脸的时代",但空有颜值/美女这样的元素,对于部分用户虽然有一定吸引力,但其核心价值的缺失决定了传播生命力孱弱。

图 9-4　"路咖汽车"美女主持人和达人主持人节目点击量与评论量对比

图片来源:节目截屏

　　作为以"分享生活好物,探索世界惊奇"为初心的自媒体"Bigger 研究所","所长"和"社长"定位直男,放大自己的逗趣风格,做一个贴心的京味小哥。仅一年多时间,微博粉丝就达到 180 万(微博现已 320 万粉丝),并拿到了今日头条主办的"金秒奖"最佳男主角、"金秒奖"2018 最具商业价值自媒体、微博 2017 十大影响力幽默博主、"克劳瑞"黑马奖等,可谓一鸣惊人,其独特的人设功不可没。

　　白皮书显示,各短视频平台 KOL 规模目前已经超过 20 万个。[①] 其中,快手数量最多,抖音、秒拍次之,KOL 多的平台也更具"魔性"。

---

　　① 　火星文化、新榜研究员:《短视频内容营销趋势白皮书》,2018 年,http://www.sohu.com/a/284419933_114819。

图 9-5　国内各短视频平台 KOL 数量分布

数据来源：火星文化、新榜研究员：《短视频内容营销趋势白皮书》

三、如何打造原创 IP 节目

短视频自媒体因涉及节目的前后期制作，在人员配备上要比图文自媒体更多一些，10 人以下的自媒体公司常规岗位架构见表 9-2。

表 9-2　视频自媒体岗位架构

岗位	职　　能	人数
导演/编辑	负责节目创意、撰稿、现场导演等	1～2 人
摄影/后期编辑	在传统影视行业，这是两个不同的岗位，各有分工；在自媒体行业则通常"洗剪吹"一条龙，从前期拍摄到后期编辑甚至简单的现场灯光布置都由一人完成	1～2 人
运营	包括新媒体运营、用户运营、活动运营、社群运营等多个工种，但在小规模自媒体行业，通常一人身兼多职	1～2 人

（一）打造 IP 节目的三个维度

传统电视台创意节目基于单向传播，而互联网节目却截然相反，节目创意的时候要考虑三个维度：粉丝是谁？采用哪种节目样态？去哪里挣钱？

1. 粉丝是谁

节目希望圈哪些粉丝，涉及年龄段、性别、使用场景（早上、通勤、饭后等）、传播策略等。

以自媒体"桃桃妈养娃记"为例，节目聚焦的用户是宝妈，辐射老人和宝爸，所以它的每个节目都要服务宝妈，替粉丝考虑孩子的吃喝拉撒、生长发育以及婆媳关系，经常要留意一些有价值但是容易被忽视的重要信息。例如，《拨打 010-999 可以呼叫直升机来救命》,这是一条关于儿童救助的消息,轻松获得 13.1 万点赞。

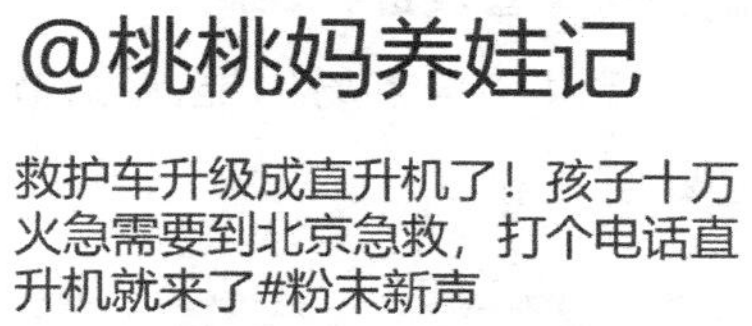

@桃桃妈养娃记

救护车升级成直升机了！孩子十万
火急需要到北京急救，打个电话直
升机就来了#粉末新声

图 9-6　母婴自媒体"桃桃妈养娃记"节目

"桃桃妈养娃记"是自媒体的单一品牌节目,如果自媒体未来要发展到节目矩阵,那么,多个节目之间的关系又该怎样设定呢?汽车垂类自媒体"路咖汽车"共计划推出 9 档节目,它们会将 KOL 的个人特点、公司商业化需求做深度结合,实现多个节目创意。以主持人贾佳为例,他因为对汽车技术着迷而成为汽车达人,在深入了解各个品牌的汽车文化后对本田情有独钟。公司根据其个人特点,再结合传播规律和对用户的理解,形成了由浅入深、层层递进的创意策略。

第一阶段从"本田粉"切入:从观众对于汽车信息的接收程度来说,汽车技术和汽车文化的传播会对用户群体规模有较大限制,当前汽车内容的用户大多还停留在"车值不值得买"的初级层面,对其深层次的技术兴趣有限。针对这种现状,专注于某一类汽车的狂热爱好者肯定最适合"种草"和"拔草"。公司有意将本田品牌的车型和一些日系车交给贾佳来评测,逐渐使他"本田粉"形象深入人心,并且得到"本田"厂商的认可。日系车企非常重视中国市场,每年都有较多新车上市,且有相应的市场营销预算,"本田"是其中佼佼者。所以无论是基于市场营销理论还是传播理论,集中力量于一个点,会更容易被用户认知。

第二阶段再从"本田粉"进阶到"技术控":当用户注意到贾佳这个"本田粉"时,无论对其抱有友好还是敌意的态度,都会在其后逐渐认知到贾佳并非一名"无脑粉",他对本田品牌的认可是基于对汽车技术和文化的深度理解。

第三阶段再升级做汽车文化等更高层面的节目延伸。

2. 根据粉丝画像设计节目样态

"德林社"是信息量比较大的脱口秀形式自媒体;美食自媒体"李子柒"、生活方式自媒体"一条""二更"都是典型的纪实形式,镜头唯美、节奏较慢;"柴知道""视知TV"是动漫形式;"桃桃妈养娃记"根据节目内容融合了多种形态,如《宝宝出生爸爸要办的证》这期节目整理了当宝宝出生后,爸爸要给宝宝抓紧时间办的证件,采用一人分饰两角的剧情样态;"Bigger 研究所"则总结了一系列套路,分别是评测、体验、安利、指南、挑战和 vlog 样态，视频节奏轻快，气氛轻松，花样百出，满足网友猎奇心。

3. 节目内容设计要考虑如何与营收进行匹配

汽车自媒体"路咖汽车"设置内容从市场倒推，9 档节目全面覆盖汽车产品传播周期，汽车厂家的预算尽在掌握。

图 9-7　汽车类自媒体"路咖汽车"针对不同阶段传播需求设计不同产品

"Bigger 研究所"从自媒体创建之初就已经为营收铺路，每一期视频的内核都是好物推荐，粉丝对于它的广告也很买账，甚至有时分不清是不是广告。指南类视频《大学生夜生活指南》揭秘"宇宙中心"五道口大学生的夜生活和周边顶级夜宵，是为荣耀 8 青春版手机广告设计的生活场景。《车厘子大测评》一期，鉴别车厘子的级别简单易懂，粉丝好感度增加，销量增加，发布后微博阅读量 775 万，全网各平台分发曝光度近 7000 万，因视频内容幽默有趣，广告主电商平台"每日优鲜"的询问量增高数倍。良好的数据赢得众多广告主垂青。

图 9-8　种草类自媒体"Bigger 研究"中《车厘子大测评》视频截屏

（二）节目制作遵循的基本方法

1. 内容娱乐化

短视频自媒体满足的是用户碎片化的休闲时间需求，所以节目形态和话题一定要轻松，财经自媒体"德林社"就走出一条"财经娱乐化"的道路。

"德林社"的品牌节目是日更的脱口秀《德林爆语》，每期节目 3 分钟，每次选材一个资本故事,用娱乐化的表达方式揭露资本真相。"德林社"的内部选题有一个硬性要求,即选题一定要聚焦明星公司或流量人物,节目报道的事件一定是市值至少在10亿元规模以上的大型上市公司,例如万达、恒大、乐视等,这样的公司本身就是明星公司,话题自带流量;面对公众人物,也会从财经的角度重新打通奇经八脉,让人耳目一新。比如,2018年京东创始人刘强东的案例,大部分媒体都在围绕刘强东到底有没有强奸的问题讨论,"德林社"却选了另一个角度——《如果京东没有刘强东怎么办?》,其实就是从整个公司的构架进行解构。

再例如《章子怡的IPO悬了》这期节目中套用了企业IPO的过程,分析了章子怡的沉浮经历:章子怡被张艺谋选中拍摄《我的父亲母亲》,被看作"天使轮融资",之后估值迅速提升——和霍启山公开恋情后分手堪比香港IPO失败——与美国男友Vivi频传婚讯到分手被比作"上市的批文迟迟没拿到,美国IPO再败",最终估值低谷与汪峰"并购重组"。看似搞笑,却说尽IPO之路。

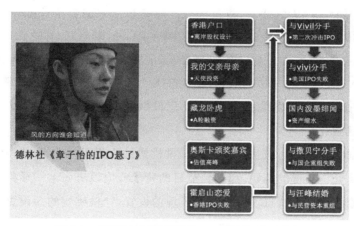

图9-9 "德林社"《章子怡的IPO悬了》节目分析

2. 问题单一化

每期节目解决一个问题,这是短视频自媒体的"一招鲜",尤其适用于抖音、快手、西瓜视频这种以极短视频为主的平台。"桃桃妈养娃记"的节目平均时长30~40秒,每个节目只讲一个问题,它的口号就是"每天一个育儿小心得"。例如《一招判断孩子冷不冷》轻松解决婆媳矛盾,试想这条视频的应用场景:一是家长看完,获得了知识,以后运用到生活中;二是会分享给家人看,让这条视频去解决潜在的家庭矛盾。这条视频的播放量和点赞数分别是389.5万和12.4万。"Bigger研究所"增设抖音账号后,与微博微信相比节目内容完全不同,都是从解决一个小问题入手:《酸奶伸缩管怎么用》《和爸妈一起看啥样的电影》《蛋糕三巨头家的蛋挞哪家更好吃》。类似案例还有"毕导"的《想要对象不出轨？选轮子很重要！》《如何欲拒还迎的要红包？》等。

3. 转述"畅销书"化

在做某个领域的垂类节目后，为了保持内容的持续性更新需要从专业书籍中寻找灵感。在借鉴理论书籍时，不能原文照搬。短视频节目更像是畅销书，有噱头才易传播。"桃桃妈养娃记"中《不要在孩子面前换衣服》就是桃桃妈读儿童心理学书籍后找到的选题，并用简单易懂的视频语言表现出来，播放量和点赞数分别是 5289.4 万和 164.8 万。

"德林社"在 2019 年 2 月 11 日的一期节目中，讲述了资本市场操盘高手徐翔与上市公司东方金钰的一段往事，本来是极其专业的股份代持以及操盘手与上市公司合谋的专业信息，但"德林社"通过以下的文字表述，让整个故事通俗易懂："东方金钰的老板赵宁靠赌石起家，他把赌石场的把戏给弄到 A 股上来了，从 2011 年开始，就一直想在 A 股圈一大笔钱，一直没搞成。赵老板后来遇到了徐翔，徐翔的一字断魂刀在 A 股市场令人闻风丧胆。徐翔撇着嘴一看，说，老赵啊，你这么一个人瞎搞哪成啊，你跟兄弟我联手，保证赚大钱。那会儿，市场上只要听闻徐翔买入的股票，就算徐翔没有买入，徐翔去公司转一圈儿，股价都飞上天。2015 年，赵老板跟庄家徐翔联手，推出了一个定向增发的方案，没想到生意没做成，徐翔先进牢房了。"

4. 现场场景化

节目录制的现场要与节目定位相符。桃桃妈的人设是一个乐观、爱家、爱孩子、喜欢学习又爱分享心得的妈妈，那么她节目的背景就应该巩固这一形象，在居家环境中拍摄恰好能体现这一特点。这个背景环境的设置，让桃桃妈的人设更为可信，也更亲近。

"路咖汽车"为了让用户更好地沉浸在节目中，并且更易于理解汽车产品的特性，每次节目会根据车型定位，还原相应的真实用车场景，营造对用户更加友好的氛围。例如吉利嘉际的科技配置丰富，节目结合现实生活中的应用场景来帮助用户理解相关功能的价值；高尔夫 GTI 俗称"小钢炮"，节目选取"攻山"入手，更好地体现该车型的强劲动力等性能。"路咖汽车"旗下评车栏目《贱风驶舵》以主持人"王小贱"为KOL，用剧情方式来讲述汽车特点。其中一期节目《不认识车标的尴尬 400 万宾利竟当作比亚迪》则把宾利的豪华配置细节融入一个招聘司机的故事中，搞笑桥段把宾利的电吸门和百公里时速等特点巧妙地进行了展示，令人印象深刻。

"Bigger 研究所"会根据每期分享好物的不同特点变化场景，比如吃喝时会用居

图 9-10 《贱风驶舵》节目片段

图片来源："路咖汽车"提供

家环境，做实验时会用干净的演播室背景，推荐有一定历史感的品牌时则会用抠像的方法"穿越"到特定年代。

短视频的创意和拍摄重在内容传播效果，设备以手机、相机为主，必要时配备灯光，团队通常为 2～3 个人。现场环境要保证画面的干净整洁，突出核心人物。

5. 互动"翻牌"化

互动是自媒体增加粉丝黏性的不二法门，甚至有时"反客为主"会大大提高用户的参与感和用户黏性。自媒体"Bigger 研究所"主持人自封"所长"，每期节目尝试各路新产品，花样不断，评论区经常有粉丝"钦点"体验产品类型，有的粉丝为搞怪男所长坚持在每期节目留言中要求尝试卫生巾，后来果然推出《卫生巾大测评》，而产品正是护舒宝的广告，一举多得；一旦粉丝评论要求被"翻牌"，播出效果就会不出所料地好。桃桃妈《DIY 吹泡泡健康方法指南》也是从粉丝评论而来，节目点击率轻松突破 300 万。

有经验的自媒体在节目创意阶段就会给互动留足空间，比如"路咖汽车"中的"本田粉"贾佳，在评测非本田车系时也会用口播的方式强调自己"本田粉"的标签。节目恰恰就是抓住了国人对于选择日系车始终存有争议的心理，内容上用"本田粉"的身份增加反差，引发观众的争议。以"今日头条系"为代表的内容分发平台都是基于算法来判断内容质量以及分发策略。在众多维度中，用户的评论等数据就是其中非常重要的部分，评论越多互动越积极，这条内容就会被系统判定质量更高，会被后台多次推荐，无形中增加了曝光的机会。如《哈弗 F5 上市》，7 家媒体平台传播，全网阅读量 4276000；东风雪铁龙云逸上市，7 家媒体平台传播，全网阅读量 1420000 以上。

在卡思指数推出的一个短视频自媒体综合排名指数中，影响排名的因素就包含

第九章　视频自媒体类产品的设计与创作

播放量、粉丝量和互动量。

以上 5 条是短视频内容创作的基本方法,腾讯新闻短视频制作的"十条军规"也很具操作性:一个场景一件事,网友不是看电视;20 秒内进高潮,前戏太长很无聊;现场视频才抓人,别拿空镜糊弄人;字幕标题请配好,不开声音也明了;音乐太多招人烦,静静看完这么难? 特效音效别乱用,炫技过度像有病;别做标题封面党,点进看完想骂娘;不用保留主持人,快点让人看新闻;街头抓拍不要演,观众不是二五眼;辣眼视频不要用,否则后果很严重。

四、如何运营自媒体

自媒体的运营主要是围绕自家粉丝增加黏性,或者想办法拉拢"路人转粉"。这是自媒体公司里非常重要又极其烦琐的工作。从各大互联网招聘需求看,运营人才也是最热门的人才需求,包括新媒体运营、社群运营、活动策划、内容运营、用户运营,有的公司设有数据分析、转化文案和用户增长等更高阶的运营岗位。相对应的运营内容的细分,也是一个实践性非常强的工作。在本章内容中,将重点结合具体的自媒体案例选择具有普遍性的运营方法做简要的解读。

(一)全平台发布、节目样态各有侧重

全平台发布是自媒体运营的一个重要工作。"德林社"的每期节目都要在每天上午 9 时录制完毕,为的就是给平台分发留出足够的时间。运营人员要根据不同平台的调性和粉丝特征做不同的包装和题目,有的还要改写成图文版。

"Bigger 研究所"的节目主阵地是在微博和微信,但是为了满足抖音粉丝的喜好,它要为抖音平台账号单独录制节目。团队每周要做"1+5"条视频,1 期是 5 分钟左右的视频,用于微博、微信、B 站、秒拍的每周更新;5 期是 1 分钟以内的轻量化短视频,用于抖音、美拍的日更。

(二)建立社群

《德林爆语》播出后受到很多粉丝的喜爱,特别是李德林这个人物已经成为 IP,很多粉丝通过留言希望能够认识李德林、有更深层次的交流。在此基础上"德林社"发展社群就顺理成章了。德林社通过一定的付费门槛,招收会员,建立了社群。

"德林社"的社群在 80 分钟内就完成了 600 万的股权众筹。股权众筹是自媒体根据自己的估值,按照一定比例释放股权,然后通过众筹平台销售股权的方式。支撑"德林社"闪电般众筹成功的是正在实践和探索的社群金融模式、突破 10 亿人次的点

播阅读流量粉丝、高净值的收费会员、顶级财经智库和顶级投资闭门会。2018 年年初，德林社再次引入了第三方私募——昊希投资进行试验，通过定向的 14 人，募集了 1600 万元人民币，成立了一个私募基金。在 2018 年股市行情不好的情况下，这只产品大幅跑赢市场。两次成功点到了自媒体发展的硬核：要有深度垂直的社群，且社群不是沉寂的，需要具备一定的活跃度，否则就会陷入"自嗨"。

图 9-11　财经类自媒体"德林社"股权众筹网页截屏

这时的社群虽然能够成功完成众筹等粉丝集体参与的项目，但还是建立在第三方平台之上，属于德林社社群的初期形态。2018 年德林社开发了自己的终端——尺度 App，在社群形态上更晋一级，解决了德林社此前面临的两大难题：一是粉丝真实信息收集的难题。德林社定位做金融社群，经过两年的全网节目分发，愈发感到处处受到平台掣肘，例如，微信公众号每天只能发布一次，大大限制了内容的发布权限，后台数据也无法掌握。它们此前销售德林社周边产品时，只能通过第三方有赞商城，交易虽然成功了，买家是何人都无法知晓，更何谈玩转社群金融。二是粉丝互动的难题。在微信端的用户被动接受德林社的推送，用户看后即走，无法形成深层次的交互。有了自己的 App，用户就可以花更长的时间留在终端上，与其他用户充分互动，优质的内容可以通过尺度 App 沉淀下来，甚至 UGC 内容也能够引发 50W＋的阅读量。有了尺度 App 之后，意味着德林社从传统的"网红节目"迭代到平台性质的创业公司，用创始人李德林的话来说，就是二次创业。

（三）建立 MCN

图 9-12　MCN 的商业模式

图片来源：网络

从 MCN 数量来看，北、上、广深数量最多，以"洋葱视频"为代表的成都正在崛起；从内容上看，北京偏文化，成都爱美女，广、深推本土……图 9-13 为八大城市、63 家 MCN 的内容主题分布，也许你会有新的发现与感受。

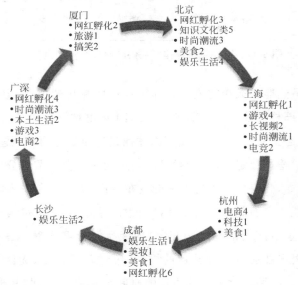

图 9-13　国内各地 MCN 内容主题分布①

---

① 今日网红，MCN 图谱：《八大城市，63 家头部机构，当网红达人，你该去哪？》，2018-09，http://www.sohu.com/a/253724426_99991664。

从图 9-13 可以看出,首都北京即使做互联网内容也不失深厚的文化底蕴,来自全国的人才构成了北京地域短视频的达人特色。此外,因抖音、快手、梨视频、新浪等全国最主要的互联网平台都聚集在北京,明显的地域优势也让 MCN 扎堆。杭州,作为电商的发源地,其内容的孵化也带着融入血液的电商元素,服装穿搭等视频成为短视频的基因,淘宝头牌网红张大奕已作为电商第一股在美国纳斯达克挂牌上市。成都 MCN 机构多分布在美妆、艺人、美食等领域,这显然也跟"盛产"颜值在线的小哥哥小姐姐的地域特色紧密结合。上海被媒体誉为"电竞之都",本地的 MCN 机构"大鹅文化"坐拥王者荣耀大神"耀神""浣熊君""难言"等知名游戏创作达人。

国内较为有代表性的是"papitube"——从个人网红发展到网红俱乐部。它的运营模式是用个人的号召力带动旗下其他红人,在 2018 年的"双十一",papitube 旗下的近 100 个账号共拿下了 160 个品牌广告,其中超过一半以上的合作品牌属于复投。papitube 的作用就相当于金融里的杠杆,或游戏里的外挂,如果你的东西够好,在这里可以被加速放大、被更多人看到。首先,网红签约到 papitube 之后,工作人员会结合市场动向、博主个人特质、受众喜好等因素,对博主进行明确的定位;其次,制作人会在选题、脚本、视频包装等方面和创作者充分沟通,以优化视频质量;再次,papitube 还会通过"大号带小号"的方式推广新人,让博主实现快速涨粉,并提高粉丝的活跃度。在做到前三项后,papitube 会为创作者提供变现的方式,包括广告、电商等。其中,广告是最主要的变现方式。

图 9-14　papitube COO 霍泥芳在微博超级红人节

图片来源:网络

洋葱视频也是在 NCN 道路上有着成功运营模式的机构,旗下"办公室小野"这个热门短视频博主拥有不小的影响力,逐渐显现出打造流量矩阵的战略——以"场景化"+"家族化"的方式拉长小野的生命周期。洋葱视频的创始人聂阳德接受媒体采访时表示,要打造一个 IP 家族矩阵,例如老板、秘书、程序员等人物会陆续上线,最终形成类似《编辑部的故事》或"漫威英雄世界"的存在。在洋葱视频看来,"集团军作战有更强的客户议价能力"。

ZEALER 是专注于科技领域自媒体的平台,创立之初它只是关注电子消费品测评的内容团队,此后逐渐扩展到家居、汽车、游戏等不同领域,在签约优质的泛科技短视频内容和创作者构建 MCN 业务后,它的定位则相应地调整为"科技生活方式第一平台"。

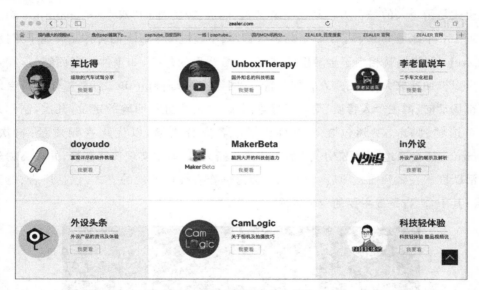

图 9-15　ZEALER 旗下部分签约达人

图片来源:ZEALER 官网截屏

五、如何变现

自媒体变现非常重要。雷军曾说,一家公司是否有价值,要看它是否有持续运营一年的流动资金。尽管重要,变现也要谨慎,一定是在内容做得扎实之后才会考虑的步骤,否则本末倒置,自取灭亡。自媒体变现有多种分类和模式,常见的短视频自媒体变现方式有五种:内容变现是初级的;广告投放是最直接的赢利方式;电商模式也被称为"带货",是赢利能力最强的一种;知识付费是当下最流行的,IP 变现是最高级的也是最难的。2018 年,克劳锐(自媒体价值排行及版权经济管理机构)对 Top 500 自媒体变现模式进行调研得出结论,广告投放占到自媒体变现的 $80\%\sim90\%$,电商占到 $20\%\sim30\%$,IP 变现仅占到 $5\%\sim10\%$ 左右。[①]

(一)广告收入

自媒体希望拥有广告收入必须满足两个前提,一个是 IP 垂直化,一个是粉丝数量化。克劳锐出品的《2018 年自媒体行业白皮书》对于不同细分垂类自媒体覆盖的广告领域做了梳理。

自媒体广告投放价格TOP 100分析

排名	行业细分	广告领域	代表帐号
1	网红	产品推广、品牌曝光、软文植入、服饰	张大奕eve、Pony朴惠敏、黄一琳
2	时尚	服饰箱包、彩妆、护肤品、服饰	黎贝卡的异想世界、牛尔
3	视频	搞笑幽默、生活方式、电商、美食	Papi酱、二更视频、小情书 LOVOTE
4	汽车	品牌推介、汽车导购、评测	YYP颜宇鹏、PS3保罗、汽车洋葱圈
5	文化	新书推荐、生活购物、摄影旅游	刘同、李诞、陆琪
6	体育	赛事说明、产品推广	黄健翔、董路
7	娱乐	电商、服饰、电影推广	橘子娱乐、马丁马小虎
8	金融	理财产品、企业广告、APP推广	叶檀、天津股侠
9	游戏	品牌曝光电商导购	卢本伟55开、冯提莫
10	美妆	彩妆、护肤品、服饰	小布、柳燕 luyen

图 9-16　自媒体广告投放价格 Top 100 分析

资料来源:克劳锐《2018 年自媒体行业白皮书》

用户不相信硬广,带有个人色彩背书的原生广告才是自媒体粉丝的菜。"德林社"在拥有 5 万粉丝的时候,就陆陆续续有企业客户找来合作。它们看中德林社的优质内容和粉丝。在用户陆续增长到 10 万、20 万、30 万、40 万之后,影响力越来越大:如在粉丝 30 万以上的时候,和国外顶级银行花旗银行合作,并拥有中信银行、恒大集团、联想集团、小米等数十家优质客户。

(二)内容变现

内容变现就是通过自媒体内容本身进行变现,例如广告分成、广告曝光与点击分成、软文营销、平台独家签约给的稿酬,还有各平台会针对优质自媒体开通收益通道,给予少量补贴。在自媒体的早期,平台给予的补贴就能够覆盖人力成本;但随着内容的大量涌入,内容本身的版权或者稿酬已经在自媒体的整体营收中属于较少的补充性收入。

---

① 克劳锐:《2018 年自媒体行业白皮书》,https://www.sohu.com/a/226533492_152615。

（三）内容电商

2018 年，短视频行业驶入了商业变现快车道。各短视频平台纷纷发力，抖音、快手加快商业步伐。除了广告外，短视频电商变现方式正在成为平台以及内容创作机构发力的重点。

平台	功能	展示形式
短视频平台电商形式		
整理bv娱乐产业(ID: yulechanye)		
抖音	边看边买、店铺入口、	单个视频可加入商品卡片
		短视频下方显示购物车图标+商品名字
		个人主页"TA的商品橱窗"入口
快手	快手小店	个人主页"他的小店"入口
美拍	店铺、购物车、边看边买右边	单个视频下方文字介绍里可加入商品链接
		右边"推荐商品"购物车图标，点击跳转视频不会中断
		个人主页"他的店铺"入口
西瓜视频	边看边买,店铺	单个视频下方显示商品及价格
		个人主页"店铺"入口
火山小视频	火山铺子	个人主页"TA的火山铺子"入口

图 9-17　短视频平台电商形势

数据来源：娱乐产业

"Bigger 研究所"是较为典型的内容电商，在抖音上，2018 年已经做出了好几个爆款售卖，比如其发布的懒人小火锅视频，厂家备货的 1500 套小火锅礼包 48 小时内售罄，长尾效应又带来累计 4000 多套的销售；大朴毛巾评测视频，带动当月销售 6000 多套，销售额 36 万元人民币以上；红油面皮视频评测，4 个小时促成 2000 多份面皮销售。

图 9-18　种草类自媒体"Bigger 研究所"节目截屏

国内网络视频公司青藤文化，除了运营国内的电商之外，还把触角伸到了海外，把国外的自媒体引进到国内提供跨境 MCN 服务，这样做的目的除了丰富内容矩阵之外，也是为商业模式增加新的营收品类及夯实差异化竞争。

图 9-19　青藤文化 MCN 运营模式

图片来源：网络

在入驻抖音平台之前，该团队就在微信和淘宝里开设了店铺，从双微平台导流后销售状况也比较好。

（四）知识付费

知识付费变现最为知名的当属罗振宇，他从一档节目开始，演变成大热的知识服务平台"得到"，打造了以薛兆丰为代表的网红经济学课，199 元的单价当前已经卖到近 38 万次，单品销售额 7562 万元人民币；此外，票价不亚于明星演唱会的跨年演讲更是开"知识过大年"之先河。

母婴的头部产品"年糕妈妈"也是从节目走向了付费课程，立志做成育儿、母婴知识付费的龙头老大。"年糕妈妈"的创始人在接受采访的时候谈到，做电商太难，知识付费将是她未来着力打造的平台。目前"年糕妈妈学院"开设了 20 余个课程，价格在 9.9 元至 299 元之间，主要包括小儿护理、益智发展、妈妈美颜瘦身等。[1]

总结自媒体的创意和设计之路可以看出一个规律：短视频自媒体虽然多是以 KOL 为核心拍摄视频节目起家，如"德林爆语""papi 酱""年糕妈妈""罗辑思维"等，

---

[1] 《"年糕妈妈"成长记：电商已不是我们的重心，付费知识才是》，2017-11，http://www.sohu.com/a/202062173_115207。

图 9-20　"年糕妈妈学院"课程内容

图片来源：年糕妈妈 App 截屏

但其发展道路必然要从个人属性发展到平台属性。

（五）带货直播

2020 年的新冠疫情让直播电商从变现中的配角一跃为当之无愧的"变现 C 位"。截至 2020 年 3 月（受新冠肺炎疫情影响，本次《报告》数据截止时间调整为 2020 年 3 月），中国网民规模为 9.04 亿，互联网普及率达 64.5％，庞大的网民构成了中国蓬勃发展的消费市场，也为数字经济发展打下了坚实的用户基础。CNNIC 主任曾宇指出，当前，数字经济已成为经济增长的新动能，新业态、新模式层出不穷。在此次疫情中，数字经济在保障消费和就业、推动复工复产等方面发挥了重要作用，展现出了强大的增长潜力。[①]

---

① CNNIC 发布第 45 次《中国互联网络发展状况统计报告》，2020-05-02，https://www.thepaper.cn/newsDetail_forward_7240467。

带货直播看似是新鲜事物,实际上对照传统经典营销理论4P(产品、价格、渠道、促销),它可以说是线上销售的逻辑重构:产品(Product)指源头好货;价格(Price)则强调全网最低价;渠道(Place)是所有支持直播带货的流量平台,抖音、快手、淘宝、腾讯也开始入局直播;宣传(Promotion),则是指直播过程中的主播,他们承担了遴选好货、把关人、优惠信息发布等重要职责。

　　从带货直播的效果来看,除了拥有一定粉丝量的自媒体博主从中受益之外,众多名人凭借个人名气入局带货直播,效果正向反馈异常突出。愚人节开启直播首秀的罗永浩3小时达成1.1亿元的成交量;第二天,古装亮相的携程董事局主席梁建章以4折的优惠预售湖州高星酒店,创造了1小时销售2 691万元的业绩。

　　借助这股热浪,媒体消息称,扬州工业职业技术学院、浙江义乌工商职业技术学院高职院专门组建了电商直播学院,成立电商直播相关导师工作室。

附　不同类型自媒体短视频文案及分析

一、汽车类:《不认识车标的尴尬　400万宾利竟当作比亚迪》

来自"路咖汽车"

节目以剧情对话的方式展开,一人分饰"王小贱"和"办公室主任"。

王小贱:我是王小贱,我的职业是一名司机,8个小时前我差点得到一份月薪3万的工作。

"你好,我来面试,就是给老板开车。"

办公室主任:走吧,地库看车去。

王小贱:(内心活动)哇塞,什么大老板呀,就开一个破比亚迪呀。"哥,你说的月薪3万元是人民币不是日元吧?"

办公室主任:当然是人民币,我跟你说,服务好老板,股票期权一样都不少。

(出节目片名《贱风势舵》)

办公室主任:这个就是老板的车,你先看一下,我接个电话,一会回来。

王小贱:(手摸车,内心独白)别说,这比亚迪做车确实是可以啊,轮是真大,都什么年代了还用这圆咕隆咚的大灯? 底下这破塑料壳子是干什么的?

办公室主任:你小心点碰,这个车漆是限量的,非常贵!

王小贱:啥玩意儿? 车漆还能限量?

办公室主任：你到底开没开过豪车？干没干过呀？我和你说啊，这 6 块擦车布是用来擦车的，一定要对应位置擦，你一旦被录用了，这些都是你要随身必备的工具。你在那傻站着干什么呢？上车呀？

王小贱：（上车后使劲关车门）

办公室主任：这个车门不是这么关的！电吸门了解一下，到底懂不懂啊？

王小贱：我和你说啊，我开过的好车那真是不少，什么 A61、奔驰 E 啥的都开过，但是这么关门子的车，我还是头一次开。这门子咋了？用不用我去 4S 店检查一下？

办公室主任：行了行了！你看看这些按键你都认识吗？

王小贱：不是和你吹，我开过的豪车没有 100 款那也有 80 款，就这些按键没有我不认识的。我跟你说这方向盘，咦，这方向盘手感不错呀！这个按键是打电话的。

办公室主任：（递过来白手套）你把这个戴上再摸。

王小贱：这什么意思啊？帮咱老板盘方向盘呗，没毛病啊！我跟你说，这个中控屏它属实有一点小，而且周边全是按键，这是跟哪个汽配城配的呀，这个钱不能省，花贵点钱脸上有面子。

办公室主任：你把这车开起来溜一圈，我看看你车技怎么样。

王小贱：我这车技没毛病啊，十里堡车神啊，《飞驰人生》里沈腾的那个人物原型就是我。

办公室主任：我这款车 6.0T/W12 发动机百公里加速 4.1 秒，极速每小时 300 公里以上，动力很猛，你悠着点开！

王小贱：啥！比亚迪都出 12 缸发动机了？！

办公室主任：谁告诉你这是比亚迪的，这是 400 多万的宾利添越，我谢谢你！

王小贱：400 万！咱老板有没有便宜点的车？！

办公室主任：我看你不太适合这份工作！

王小贱：别呀，我特别喜欢这款车，而且我对工作特别有责任心！

办公室主任：你要这么说，确实是有一个职位比较适合你。

王小贱：只要能在咱们公司，什么活我都愿意干。

车库场景：从保安服上的"车管"二字拉开，全景是王小贱坐在宾利旁边。

王小贱：（对盯着宾利的路人说）别碰，这车老贵了！赶紧走开，快点！

主持人一段独白：宾利添越算是汽车工业历史上第一次将豪华的造车理念和 SUV 相结合的历史见证。有这么几个字形容它不能被忘却：曾经是"最贵""最豪华""最快"的 SUV。选装完的价格大概在 400 万元左右，百公里的加速成绩真的是非常惊艳,4.1秒,而且它还具有一定的越野能力。曾经保时捷将跑车的因素注入SUV的血统,宝马将库佩的元素融入SUV的设计,宾利则为SUV带来了尊贵。也正是因为它的出现,劳斯莱斯的库里南出现在了世人的面前。

撰稿思路分析:以短剧情的方式进行自媒体短视频创作已经成为当前的主流形式。对于汽车功能的介绍,常规的方式是功能讲解,再用心一点无非是把用词更网络化,但终究还是在汽车逻辑中进行二次创作,无法吸引更多人非车友的关注。这个剧情短视频的用心之处在于,把汽车需要凸显的性能包裹在矛盾场景中。比如新手司机初见宾利添越用手摸车身时,办公室主任顺势嫌弃地扔过专用抹布,这个桥段是为了展示宾利添越限量车漆的珍贵;办公室主任批评新手司机关车门太用力,则是为了介绍名车电吸门功能带来的安静、省力的特性。该短视频创作的重点是,产品特点成为故事中人物矛盾的解决方案。

二、种草类:《面无表情吃酸大挑战》 来自"Bigger研究所"

节目样式:一位主持人带两位KOL新人——吴哈哈和大毛毛。

所长:最近好像很流行"面无表情吃柠檬"。

哈哈:不是最近很流行,去年就已经开始流行了好不好?你这个时尚sense也是太迟钝了吧。

所长:有吗?

毛毛:对啊。

所长:我不管,今天门已经被我焊死了,你们俩要不把这柠檬给我"掐"完,都不许走!哈罗,大家好,我是所长,这是两个我新招的小弟。

毛毛:大家好,我叫大毛毛。

哈哈:大家好,我叫吴哈哈。

所长:今天我们要来挑战"面无表情'掐'柠檬"。我觉得这是一个非常难完成的任务。一提到柠檬,我的腮帮子就忍不住发酸,根本控制不住自己的面部神经,光是想想就觉得要抽搐了,牙都倒了。但是我旁边这俩人完全一副"没在怕"的样子。

哈哈:所长,我跟你说过我很能吃酸的,我平时是把醋当饮料的。

所长:哎哟,我就不信了,王麻子菜刀,切柠檬于无形啊。我有一个非常简单的方法验证啊,一人一片,你俩先干为敬吧。我看看谁在吹牛,Baby go。

哈哈和毛毛淡定自若分别吃下两片柠檬。

所长:我这招了两个什么妖魔鬼怪。好,这个算是小试牛刀啊,我觉得挑战必须要升级一下才行哦。哈哈,我记得上次跟你一块儿拍 JK 制服那期的时候,好多人在评论区夸你,说你不仅舞跳得好,表情管理也很棒。但是我有点记不起来了,不然你现场跳一段让大家来回忆一下。

哈哈:没问题,来吧。

所长:啊,厉害厉害啊。你累了吧,给你吃个糖吧,酸爆糖。

哈哈:这是奖励吗?

所长:这个不是奖励啊,这是一个升级的考验。我刚刚看你跳得十分甜美,现在请你一边吃这个很酸的糖一边跳舞吧。

哈哈:我觉得我面无表情地吃柠檬是可以的,但是我一边甜美地跳舞一边吃酸爆糖,确实很难呀!

所长:我相信你啊,哈哈。我跟你讲啊,我刚看你一口气吃柠檬的那种豪迈劲儿,就知道你一定是个"掐"柠檬的高手,你一定可以的。

哈哈:那我今天要是这个挑战成功了,你得答应我一件事儿。

所长:好吧,好,感觉此处有坑!

哈哈边跳舞边吃酸爆糖,与第一段表演相比确实感受到酸味的冲击。

图 9-21 《面无表情吃酸大挑战》节目吃酸爆糖跳舞段落

哈哈:我现在算是挑战成功了吧?

所长:算吧!

哈哈:我可以提要求了吗?

所长:好,你不会是也想让我跳舞吧? 哈哈哈哈。

毛毛:所长,你打算怎么为难我?

所长:你这话说得我真是要好好为难你一下了啊。我看你这个微博下面很多人在问,你的这个断眉是怎么来的? 是修出来的还是天生的?

毛毛：是修出来的。

所长：很酷啊，我也想学一下，你能做一个简单的教学吗？

毛毛：可以呀。这个眉毛……

所长：等会儿等会儿，你喜欢吃酸黄瓜呢，还是小青柠呢？

毛毛：我可以都不选吗？

所长：不可以。我从来没有感受到为难别人原来如此的快乐。一个是鲜酸，一个是咸酸，你看着办吧。

毛毛：那我就选酸黄瓜吧。

所长：那我就给你挑个大的，俄式酸黄瓜。刚才呢，我想请教断眉的方法。下面呢，你边吃边跟我们讲，看看你真正的吃酸功力啊。

毛毛：（边吃酸黄瓜边演示）眉毛可以拿遮瑕膏来遮，也可以用眉刀来修。修的话比较一劳永逸，你找个喜欢的地方一刀拉下去就行。

所长：没事吗？不酸吗？我看你声音都变了，声音都变了还不酸？虽然我有点不忍心继续虐你啊，但是我还肩负着一个重要的任务啊。就是办公室的小姐姐们说啊，化妆最难的部分，其实她们觉得是画眼线。因为眼线对于手残党来说，就是稍微一抖就糊成一片。她们就是想看你能不能一边吃这个小青柠，一边画一个流畅的眼线。一个美妆博主的看家本领是不是就是在一个不管什么恶劣条件下都能画出一个美美的妆？一个成功的美妆博主会被一个小青柠打倒吗？

毛毛淡定地画眼线。

所长：哇，太厉害了！

毛毛：所长，我给自己画眼线还行，我给别人画眼线那叫一个手抖。给你画个眼线吧。

所长吃着青柠，流着眼泪，毛毛给所长画眼线。

所长：我觉得眼线画得还是很成功啊，毛毛的这个技术还是不错，然而今天这个面无表情的吃酸挑战基本上就到这儿结束了。你们觉得谁更成功呢？看片5分钟装×两小时，我是什么都懂一点的所长。下期再见！

撰稿思路分析：种草类短视频是短视频里离金主最近的一种样态，如何种得自然、种出欲望、种下悬念是创作的关键。Bigger研究所的这期节目是借用网络"无表情吃酸"的梗，同时为了用大号带新人。为了更好地凸显"吃酸"给参与嘉宾带来的反应，节目在策划阶段重点放在了给嘉宾选择了两个与吃酸形成反差的场景，即跳舞和画眉毛，这两个环节需要保持优美的表情和镇定的手法，而在这个时候吃酸引发的生理变化刚好能够放大"酸化"效果,事实也证明,节目中的环节设置针对性很强,嘉宾的个性也彰显自如,起到了宣推新人的作用。研究所作为种草类短视频的头部 IP,在种草的方法上可谓五花八门不拘一格,例如,在懒人小火锅节目的视频里,主持人首先抛出一人吃完十个火锅"以命测评"的噱头,吸引人等待测评结果;再如,《广告研究所创作内幕大揭秘》,主持人采用一人分饰多角的剧情化手

图 9-22 《关于新冠肺炎的
一切》节目二维码

法,把一个真正的植入广告变身成广告创意的 PK 过程,通过每个人提案的方式,多角度展现了雀巢产品的特点和使用场景,有趣有料,信息传递也准确。

三、知识类:《关于新冠肺炎的一切》来自"回形针"

我是回形针的制作人吴松磊,和你一样,回形针也一直在关注这场突然爆发的新型冠状病毒肺炎。在这个视频中我们会解释这一切是如何发生的。

首先,我们要知道病毒是如何感染患者的。病毒要进入细胞,细胞上就必须要有对应的受体,比如艾滋病病毒 HIV 的常见受体是 CD4 蛋白,通常在血液里免疫细胞的表面,所以 HIV 通过血液传播,而不用担心空气传播,而这次新型冠状病毒的受体和 SARS 一样,都是血管紧张素转化酶 2,这意味着病毒要感染人类,首先得接触到有这种酶的细胞完全受体结合,如果我们恰好有不少这种细胞就暴露在空气中。黏膜,黏膜的意义在于分泌黏液保持湿润,我们的嘴唇、眼皮、鼻腔和口腔里都有大量的黏膜细胞,当病毒以某种方式接触到你口腔黏膜与受体结合,感染就开始了。为了让你理解接下来发生了什么,我们做了一个简化后的大致流程,首先冠状病毒的包膜会和细胞膜融合,释放病毒的遗传物质,一段 RNA 单链,这种 RNA 可以直接作为信史 RNA 骗过细胞里的核糖体合成 RNA 复制酶,RNA 复制酶会根据病毒的 RNA 生成 RNA 复链,这条复链会继续和复制酶生成更多的病毒 RNA 片段和 RNA 正链,这些不同的 RNA 片段又会和核糖体生成更多不同的病毒蛋白质结构,最后这些蛋白外壳会和 RNA 组合生成新的冠状病毒颗粒,通过高尔基体分泌到细胞外感染新的细胞,每个被感染的细胞都会产生成千上万个新病毒颗粒,蔓延到气管、支气管,最终到达肺泡引发肺炎。

当然完成后传播也不是难事。你三对唾液腺分泌的唾液会混合着来自咽喉等部位的呼吸道分泌物,让包裹着病毒的唾液,随着你的喷嚏和咳嗽传播到空气中,接触其他人的眼膜。黏膜感染、空气传播,这就是冠状病毒为什么这么容易传播的原因。

2019 年 12 月 8 日,一位来自华南海鲜市场的病人,因为持续 7 天的发热咳嗽和呼吸困难入院,5 天后他没有去过海鲜市场的妻子,也因为不明原因肺炎入院。2020 年 1 月 1 日华南海鲜市场关闭,1 月 2 日 41 名新型肺炎患者被确诊,此时喜迎春节的市民们还不知道,一场可能感染上万人的瘟疫已经开始了。在这篇 1 月 24 日发表于柳叶刀的论文中,我们可以了解到最早被确诊的 41 名患者的具体情况。截至 1 月 20 日,41 人中有 28 人出院,6 人死亡。发烧和咳嗽是最常见的症状,从起病到呼吸困难平均 8 天。在肺炎初期人传人的信号就已经很明显了。在这 41 人中有 14 人都没有去过华南海鲜市场。

1 月 24 日的另外一篇论文,研究了一个 12 月 29 日前往武汉旅行的深圳家庭,最早出现症状的男士在到达武汉后的第 4 天开始发烧、腹泻,之后 3 天他的老婆、岳父、岳母也都开始发烧咳嗽,1 月 5 日全家返回深圳,4 天后没有去过武汉的母亲开始全身乏力,最终 7 口之家里 6 人确诊新冠肺炎,其中包括他没有明显症状的儿子。在密切接触的家庭成员里传播冠状病毒并不难。首先是喷嚏,你会喷出 1 万个以上的飞沫,最远传到 8 米以外。然后是咳嗽,1000～2000 粒飞沫,最远到 6 米。最后即使是平静地说话,每分钟也会产生大概 500 粒飞沫。这是你打出喷嚏后 0.34 秒的样子。绿色的是那些 100 微米以上大飞沫的运动轨迹,因为足够重它们会在 10 秒内落在地上,而红色的则是小飞沫形成的云雾,它们会在空气中迅速蒸发变小,成为干燥的飞沫和上皮细胞蛋白质会包裹着冠状病毒,在空气中飘荡,接触其他人的黏膜。

1 月 30 日的这篇论文进一步分析了武汉前 425 例确诊患者的数据,这张表中横坐标是感染者发病的时间,纵坐标是相对概率,可以看到大部分感染者 7 天内就会发病,病毒的平均潜伏期是 5.2 天,现在我们知道在 2020 年 1 月 11 日之前,确诊的 295 人里只有 45 人去过华南海鲜市场。此外还有 7 名医护人员。但在 10 天之后,人们才意识到要戴口罩了。从 2020 年 1 月 20 日开始,口罩就成为稀缺资源。看起来戴口罩当然是个好办法,口罩的多层结构可以有效阻隔大颗粒,而那些纳米级的微粒又会因为静电效应被吸附在内部纤维上,所以如果我们把颗粒的直径作为横坐标过滤效率作为纵坐标,这些口罩的过滤效果实际上是一条 U 形曲线,可以看到最难过滤的其实是直径在 0.3 微米左右的颗粒,这也是为什么大多数口罩把 0.3 微米的氯化钠过滤能力作为测试指标,能在测试中过滤 95% 以上的就是 N95,N95 的过滤效果当然最好,但即便是效果最烂的纱布口罩对于 10 微米以上,也就是我们头发直径 1/10 左右的颗粒,也能做到接近 80% 的保护率。

那飞沫核的尺寸到底有多大呢?据说咳嗽产生的飞沫核尺寸,82% 都集中在 0.

74～2.12 微米,这么看绝大多数飞核用普通的医用口罩就已经够了。而在美国 2800 多名流感医护人员参与的一项随机试验中,佩戴 N95 口罩和医用口罩的流感感染率甚至没有明显差别,所以也别在意那些复杂的口罩类型品牌和各国标准,更重要的是你洗手了吗?洗手是因为你的手上很可能有活着的冠状病毒,以 SARS 病毒为例,在这份军事医学科学院的研究中,它们在玻璃塑料金属上都可以存活至少两天,它们会随着飞沫留在各种地方,而你的手很可能就会摸到。然后揉眼睛抠鼻屎的时候病毒就会接触到黏膜细胞本身造成感染,所以洗手洗久一点。最后一个问题是还会死多少人?

从 2020 年 1 月 11 日到 1 月 31 日,根据全中国累计确诊和死亡人数的增长曲线。如果我们用总死亡数除以总确诊数,可以得到一个 2% 左右的患病死亡率,但这样的计算方式并不准确。根据前 425 名确诊患者数据,我们可以知道病毒的平均潜伏期是 5.2 天,从发病到就诊平均是 4.6 天,从就诊到入院平均 4.5 天,如入院 ICU 是 3.5 天,假设从 ICU 到死亡是 3 天,整个过程就是 21 天左右。比如,如果就诊 3 天后就能确诊,从确诊到死亡大概是 8 天,所以 1 月 31 号死亡的患者大概在 1 月 23 号确诊。如果我们用湖北省 1 月 29 日至 1 月 31 日这 3 天死亡的 124 人除以 1 月 21 日至 1 月 23 日确诊 279 人的话,病死率高达 44.4%。但因为湖北省的医疗资源紧张,确诊困难,很多老年病患发展到了重症才能确诊,病死率肯定偏高。相比之下,除湖北省外,全国其他地区的数据更能反映真实情况。1 月 29 日至 1 月 31 日,中国其他省份的死亡患者共 3 人,除以 1 月 21 日至 1 月 23 日确诊的 260 人,病死率在 1.1% 左右,确实不高。如果按照病死率倒推 1 月 21 日至 1 月 23 日的湖北感染者,那应该不是 279 人,而是 10 700 人。当然这也只是一个非常粗糙的计算过程,样本量小也不一定那么准确,但随着未来数据的完善,病死率的结果会越来越清晰。

疫情暴发后多家机构也陆续发布了对于新型冠状病毒,RO 值的预估大多数在 2～3 之间。RO,基本传染数,是指在不做干预的情况下,单个感染者传播疾病的平均人数,新型冠状病毒 RO 在 2～3,意味着每个感染者都会将病毒传染给 2～3 个人,这也是肺炎在初期开始暴发的原因。但随着外部环境的强干预,平均传染数会开始降低,比如,2003 年 SARS 最初的平均传染数是 2.9,然后在 2.0～3.5 之间波动,最后降至 0.4 到完全消失,对于新冠肺炎这条曲线也会差不多。

这场瘟疫让我们所有人精神紧张,但实际上倒霉的事情每天都在发生。过去几年,中国平均每年有 8.8 万人死于流感引发的呼吸道疾病,6.3 万人死于交通事故,3.8 万人死于安全事故。只要我们迈出家门去工地、去写字楼、去流水线,风险就已经存在了。我们当然应该把倒霉的概率尽可能降低，但我们之所以赞颂勇气，是因为我们人类总是在明知有风险的时候仍然选择做我们该做的事情。最后我们来看一眼这场肺炎的主角直径，这个在 0.1 微米左右的畸形圆球，可怕吗？我们已经知道了它的 RNA 序列，知道了它的感染机制、传播机制、临床表现和致死概率，其实也没那么吓人。如果我们被这个吓到，吓得要锁死来自武汉的邻居，吓得要攻击陌生的求助者，吓得要以谣言的名义让大家不敢说话，那才是真的吓人。人类的赞歌就是勇气的赞歌，赞美所有还在认真工作的人们，希望 2020 年我们都能有更多勇气。Bye bye。

撰稿思路分析：各大平台为了满足受众需求的迭代以增加黏性，知识类短视频成为近一两年兴起的类型，抖音、快手、B 站上知识类博主甚至拥有千万粉丝。回形针的这个短视频因为客观冷静的阐述风格，在疫情期间全网播放过亿。仔细分析它的制作方法，除了扎实的素材获取、客观的分析外，在具体细节的可视化阐述上下足了功夫。什么是具体？比如有人告诉你"面对失败请勿愤世嫉俗"这样的一个道理，这个传播就是失败的，它无法改变你的认知，更别谈改变行动。如果以讲故事的方式告诉你——有一个狐狸想吃树上的葡萄，它尝试了很多方式但始终无法吃到，最后它昂起头说，葡萄肯定是酸的。这就是著名的伊索寓言，这个故事用葡萄、狐狸和酸葡萄具体的形象传递了"面对失败请勿愤世嫉俗"的道理，这个道理也延续了 2000 多年的历史。例如，回形针节目中令人印象深刻的是飞沫核的尺寸、喷嚏的完整过程等，而不是长篇大论告诉你要跟人保持距离，保持安全距离、佩戴口罩是人们看完视频自己得出的结论，这样的结论更容易得到认同。节目的制作人接受采访时表示，这些信息来自知网上的资料，但他们并没有生搬硬套，而是用视频技术手段实现了动态化，并将飞沫的喷射过程放置了在了人们的生活场景中，让观众仿佛看到了有人正在吃掉了覆盖别人飞沫的食物。所以短视频的创作要善于抓住具体细节，利用可视化的语言进行垂直深挖，形成"新知"，占领心智。

四、文化类：《如果没有李白这个人，后果会很严重吗?》

来自："六神磊磊读唐诗"

有一个好玩的假设：

假如没有李白，假如历史上从来没有出现过这个人，我们的生活会怎么样？好像并不会受很大的影响。无非是 1000 多年前的一个诗人罢了，多一个少一个，貌似确实无关紧要。不就是这里少了个刺客吗……

没了李白这个人，《全唐诗》大概会变薄一点。薄多少呢？也不过是 1/40～1/50。

名义上,李白是"绣口一吐就半个盛唐",但要从数量上算,他诗集的规模远远没有半个盛唐这么多。《全唐诗》一共900卷,李白只不过占据了第161~185卷。少了他,算不得特别伤筋动骨。

没有了李白,中国诗歌的历史会有一点点小的变动,比如古体诗会更早一点地输给格律诗,甚至,会提前半个世纪就让出江山。可是,我们普通人根本不关心这些。

不过呢,我们倒可能会少一些网络用语。

比如一度很热的流行语"你咋不上天呢",是谁说出来的? 答案可能正是李白爷爷:"耐可乘流直上天?"他什么时候说出这话的呢? 是一次划船的时候。话说这一年,有一艘神秘的游船在南湖上飘荡……别紧张,这是在唐朝,李白带着朋友划船,写了一首名诗,叫《陪族叔刑部侍郎晔及中书贾舍人至游洞庭》:"南湖秋水夜无烟,耐可乘流直上天? 且就洞庭赊月色,将船买酒白云边。"他们喝着酒,忘记了忧伤,隐没在烟水之中。那么,李白还创造了其他的网络热语吗? 有的,比如"深藏功与名",出处正是李白的《侠客行》:"事了拂衣去,深藏身与名。"如果没有李白这首诗,香港的金庸也不会写出《侠客行》来。在这本小说里,有一门绝世武功就是被藏在了李白这首诗中。不但《侠客行》写不出,《倚天屠龙记》多半也悬。灭绝师太的"倚天剑",是古人宋玉给取的名,但为这把剑打广告最多、最给力的则要数李白:"摧倚天之剑,弯落月之弓。""安得倚天剑,跨海斩长鲸?"不只是香港文艺界要受一些影响,台湾也是。如果没有李白,黄安肯定写不出当年唱遍大街小巷、录像馆、台球厅的《新鸳鸯蝴蝶梦》了。这首歌就是从李白的《宣州谢朓楼饯别校书叔云》里面演化出来的。"昨日像那东流水,离我远去不可留,今日乱我心,多烦忧",就是化用李白的句子"弃我去者,昨日之日不可留;乱我心者,今日之日多烦忧"。后面的"抽刀断水水更流,举杯销愁愁更愁",则是直接把李白爷爷的句子搬来了。

还有。如果没有李白,中国诗歌江湖的格局会有一番大的变动。

这么说吧,几乎所有的大诗人,都会喜大普奔,欢天喜地。没了李白,他们的江湖地位都会统统自动提升一个档次。李商隐千百年来都被叫"小李",正是因为前面有"大李"。要是没了李白,他可以扬眉吐气地摘掉小李的帽子了。王昌龄,大概会趾高气扬地登上"七言绝句之王"的宝座,而不用加上"之一"俩字。因为能和他对飙七言绝句的,正是李白。至于杜甫,你懂的,则会无可争议地制霸天下,成为全唐第一人,也不必再加上那个"之一"了。

此外,如果没有了李白,我们在日常生活中还会遇到一些表达上的困难。

比如,对于从小一起长大的男女朋友,你将不能叫他们"青梅竹马",也不能说他们"两小无猜"了，这都出自李白的《长干行》。你也无法形容两个人相爱得刻骨铭心，这个词儿也和李白的文章有关："深荷王公之德，铭刻心骨。"如果没有李白，不但没法形容恋人，我们还将难以形容全家几代人团聚、其乐融融的景象，因为"天伦之乐"这个词儿也是李白发明的，出自他的一篇文章，叫作《春夜宴从弟桃李园序》："会桃李之芳园，序天伦之乐事。"；"浮生若梦"，也不能用了，出处同样是李白这一篇文章："浮生若梦，为欢几何?"；"杀人如麻"没有了，这出自李白的《蜀道难》；"惊天动地"也没有了，这和白居易吊李白墓时写的诗有关："可怜荒冢穷泉骨，曾有惊天动地文。"还有扬眉吐气、仙风道骨、一掷千金、一泻千里、大块文章、马耳东风……要是没有李白，这些成语大概我们都不会有了。此外，蚍蜉撼树、春树暮云、妙笔生花……这些成语都是和李白有关的，也基本上将统统没有了。"妙笔生花"一说是江淹，一说就是李白。照这样下去，我们华人连说话都会变得有点困难。

不仅如此，如果没有了李白，我们还会遇到一些别的麻烦。

当我们在社会上混得不顺利，际遇不好，没能施展本领的时候，将不能鼓励自己"天生我材必有用"；当我们遭逢了坎坷，也不能说"长风破浪会有时"；当我们和知己好友相聚，开怀畅饮的时候，不能说"人生得意须尽欢"；当我们在股市上吃了大亏，积蓄一空的时候，也不能宽慰自己"千金散尽还复来"。这都是李白的诗句。没有了李白，那个在我们印象中很熟悉的中国，也会变得渐渐模糊起来。我们将不再知道黄河之水是从哪里来的，不知道庐山的瀑布有多高，不知道燕山的雪花有多大，不知道蜀道究竟有多难，不知道桃花潭有多深。白帝城、黄鹤楼、洞庭湖，这些地方的名气，大概都要略降一格。黄山、天台、峨眉的氤氲，多半也要减色许多。没了李白，变了样的还有日月星辰。抬起头看见月亮，我们将无法感叹"今人不见古时月，今月曾经照古人"，也无法吟诵"小时不识月，呼作白玉盘。又疑瑶台镜，飞在青云端"。

李白如果不在了，后世的文坛还会发生多米诺骨牌般的连锁反应，相信我，后果将不可想象。没有了李白"举杯邀明月"，苏轼未必会"把酒问青天"；没有李白的"请君试问东流水"，李煜未必会让"一江春水向东流"；没有李白的"大鹏一日同风起"，李清照未必"九万里风鹏正举"。后世那一个个浪漫的文豪与词帝，几乎个个是读着李白的集子长大的。没有了李白，他们能不能产生都将是一个问题。后来人闹革命的浪漫主义色彩都会衰减不少。前有李白的"我欲因之梦吴越"，后有有老人家的"我欲因之梦寥廓"；前有李白的"欲上青天揽明月"，后有"可上九天揽月"；前有李白"挥手自兹去"，后有毛主席的"挥手从兹去"；前有李白"安得倚天剑"，后有"安得倚天抽宝剑"。

没了李白，我们的童年世界也会塌了一角。

平均每个小朋友要听 300 遍的"只要功夫深，铁杵磨成针"的故事大概也将没有了。它可是小学生作文的经典万金油典故。没这个故事，小朋友们怎么把作文凑足 600 字？李白，这一位唐代的伟大诗人，已经化成了一种基因，和每个华人的血脉一起流淌。哪怕一个没有什么文化和学历的中国人，哪怕他半点都不喜欢诗歌，也会开口遇到李白，落笔碰到李白，童年邂逅李白，人生时时、处处、事事都被打下李白的印记。

今天，怎么检验一个人是不是华人？也许就是抛出一句"床前明月光"。只要他会中文，就能接上"疑是地上霜"。不知道李白在世的时候，有没有预料到这些？他这个人经常是很矛盾的，有时候吹牛说自己的志向是当大官、做大干部，轰轰烈烈干一件大事。有时候他又说自己的志向是搞文学、作研究，"我志在删述，垂辉映千春"。

前一个志向，他没有实现，但后一个志向，他是超额完成了。所谓"垂辉映千春"，他已经辉映了 1300 年的春秋了，还会继续光辉下去。

撰稿思路分析：六神磊磊解读唐诗确实已经成为一种模式，模式即为有规律、可复制。首先说规律，自媒体的内容首先它需要满足人们社交的目的，显然一个既能观照当下又能秀才华的方式是最佳的表达。其次说复制，文章把李白的唐诗中一直流传至今的名词佳句放到了使用场景中，营造了一种缺位的假想，凸显出李白诗词与当下的紧密结合。这种方式适用于很多文史类的自媒体文章，前提是对于文史内容的全盘掌握和转换输出。

第十章

短视频平台的设计与构建

只要科学技术在不断地发展，人类就有光明的未来。

——《三体》作者刘慈欣

第一节　短视频平台兴起的背景

最近这几年，随着移动通信技术的飞速发展，媒体技术环境、传播媒介和用户使用习惯也在发生飞速的变化。尤其是智能手机的普及和"5G"时代的到来，使我们已经从"图文时代"来到了"短视频时代"。

在图文时代，我们获取资讯的周期是 24 小时（日报的出版周期）；但在智能手机普及之后，我们再也无法忍受 24 小时才了解一个热点事件，半小时都不能忍受。在图文时代，我们说"有图有真相"；但在短视频时代，我们说"1000 张 PS 过的照片也不如一段真实的短视频"。在图文时代，创作是职业传媒人、电视人、电影人的专利；但在短视频时代，人人都是记录者，人人都是创作者，人人都是参与者。

"（早在）2015 年，全球用户每分钟上传到 YouTube 的视频总时长就已超过 400 小时。"[1]而在中国的资讯短视频平台梨视频上，由拍客和编辑合作生产的短视频每天超过 1000 条。最近两年兴起的以抖音、快手为代表的国内短视频社交平台，每天由用户产生的短视频内容更是不计其数。[2] 在图文时代和电视时代，如此海量视频内容的产生几乎不可想象，但在今天，这已不再是新鲜事。

拍摄工具的易得（用 iPhone 就能拍 4K 画质）、剪辑编辑工具的易用（iMovie、VUE 等）、视频上传下载速度的迅捷、手机流量的降价……这些因素共同激发了大众的短视频创作热情，也促成了短视频平台的勃兴。同时，这些因素也正在塑造短视频时代全新的传播规律。

---

[1] 〔美〕凯文·阿洛：《刷屏》，5 页，侯奕茜、何语涵译，北京，中信出版社，2018。

[2] 《2018 快手内容报告》，快手每天上传短视频超过 1500 万条、短视频库存 80 亿条，https://baijiahao.baidu.com/s? id=1623987038443395009&wfr=spider&for=pc。

第二节　对相关概念的限制性描述

短视频这种形态的应用场景极其广泛，以至于我们在探讨"短视频（媒体）平台"时不得不对概念做一些限制性描述。否则，我们的探讨将没有边界。

一、什么是短视频

目前，这一概念仍然没有在学界和业界达成共识，因为"短"本身是一个相对的概念。"一个男人与美女对坐1个小时，会觉得似乎只过了1分钟；但如果让他坐在热火炉上1分钟，他却会觉得过了不止1小时。"有不少业界人士认为，参照微博上传的限制[①]，时长在"15分钟以内"的视频就是短视频。但显然，15分钟时长并非当下短视频的主流时长，也不符合用户"碎片化观看"的习惯。在探讨这一问题时，笔者更倾向于将短视频讨论的时长限制在3分钟左右。

一般而言，根据时长，短视频大致可以分为三类。

10秒短视频：照片的动态延伸（这也是微信朋友圈短视频时长限制，抖音、快手等平台的主流时长为15秒，也可归入10秒短视频一类）；

60秒短视频：可以讲清楚一个事件的断面（资讯短视频的主流时长，60～90秒是梨视频平台的主流时长）；

180秒短视频：以人物为核心的故事，堪称"短视频中的纪录片"（一条、二更等原创人物类短视频的主流时长）。

根据这一限定，优酷、爱奇艺、搜狐视频等以长视频为主的视频平台不在本章的讨论范畴，虽然这些平台均开设了短视频频道或栏目。

二、什么是媒体平台

媒体本身也是一个非常模糊的概念，近年有不少学者和媒体从业者提出"万物皆媒"[②]的概念。若以此为基础，无疑将无限加大讨论的难度。为讨论方便，我们不得不将"媒体平台"限定为：具有公共传播特性、影响公众生活、传播公共信息的平台级

---

① 新浪微博：《微博视频上传规则与注意事项》："PC端支持上传的视频为时长15分钟以内、大小1G以内。移动端支持上传的视频为时长5分钟以内、大小1G以内"，https://weibo.com/ttarticle/p/show? id=2309404136331335861467&sudaref=www.baidu.com&display=0&retcode=6102。

② 腾讯网·企鹅智酷、清华大学新媒体研究中心，《智媒来临和人机边界：中国新媒体趋势报告（2016）》："所有的智能物体、智能机器在某种意义上都有可能媒体化"，http://tech.qq.com/a/20161115/003171.htm#p=1。

产品。因此,以知识付费为主的短视频平台,比如"得到""小鹅通"等;短视频 MCN 机构,如 Papitube 等;短视频电商平台,以及其他以智能设备为基础的传播平台不在我们的讨论之列。

综上,我们这里讨论的"短视频(媒体)平台",是以短视频为主要传播形式,具有公共传播特性、影响公众生活、传播公共信息的平台级产品。比如,以资讯短视频为主的梨视频、以社交短视频为主的抖音和快手、以个人短视频创作者和 MCN 提供内容为支撑的秒拍、西瓜视频、开眼,以及无所不包的超级平台 YouTube,等等。

中央电视台、新华社、人民网等国有大型媒体集团,这几年均在移动化、视频化、社交化方向上做着非常积极有效的探索,但由于其单个的体系非常庞大,为讨论方便,也不在本章具体分析。

第三节　短视频平台的分类及现状

随着短视频成为风口,各大互联网巨头近两年纷纷入局占领短视频赛道,这使得短视频平台产品一时呈现百花齐放、"群魔乱舞"的状态。

根据卡思数据发布的《2019 短视频内容营销趋势白皮书》[①]显示,具有平台属性的较大型短视频平台产品至少超过 50 家。但整体而言,短视频平台产品可以分为以下 3 类。

一、拍摄工具型产品

此类产品以提供拍摄、美化、编辑短视频的工具为主要方向,但需要借助内容发布平台来发布短视频。典型代表是 VUE。

"VUE 是 2016 年上线的一款手机视频拍摄与美化工具,允许用户通过简单操作实现视频的拍摄、导入视频的剪辑、表现力的细调、改变滤镜、加贴纸和背景音乐等功能,轻松在手机上拍出电影大片的质感,实时记录与分享生活。"[②]VUE 一类的工具型短视频产品,提供了非常丰富的剪辑、滤镜、画幅选择等功能,大幅降低了短视频制作门槛,使得普通用户可以制作出质量较高的短视频作品。

---

① 卡思数据:《2019 短视频内容营销趋势白皮书》,2018 年,http://www.sohu.com/a/284419933_114819。

② 《刚上线就被 App Store 推荐,这款"豌豆荚系"创业者做的视频编辑应用有什么不同?》,2016-07-19,https://36kr.com/p/5049715。

类似的工具还有很多，比如"小影"，这款产品同样内置多种拍摄镜头、多段视频剪辑、创意画中画、专业电影滤镜、字幕配音、自定义配乐等工具，以降低短视频拍摄和剪辑的门槛。

此类产品理论上无法归入"短视频平台"产品，但随着它们的不断进化，工具类产品并不甘于只做"工具"，其配套的"社区"有向平台化发展的基础和倾向。比如，一开始只是短视频工具的 VUE，很快就在上线半年后推出了另一款社区类短视频 App，目前两者已经合并为"VUE VLOG"，完成了工具型产品的平台化过渡。

二、社交平台型产品

此类产品除了具有拍摄、美化短视频的功能之外，主要强调社交功能。用户通过这类产品拍摄、上传视频到平台，并与其他用户互动，完成关注、转发、评论、点赞等网络社交行为，典型代表是抖音和快手。

目前，根据抖音自己公布的数据，截至 2019 年 1 月，抖音国内日活跃用户（DAU）突破 2.5 亿，月活跃用户（MAU）突破 5 亿；[①]而据快手 2019 年 1 月公布的数据，"2018 年，快手 DAU 由 1 亿增长至 1.6 亿以上"[②]。2018 年，社交短视频平台之间的"用户争夺战"可谓令人眼花缭乱。"抖音和快手两大短视频巨头一直暗中较量，抖音进攻性更强，快手则不希望让短期竞争影响长期目标。"[③]

与此同时，社交巨头腾讯不甘成为这场战争的观望者。截至 2018 年 10 月，"腾讯至少上线了微视、闪咖、QIM、DOV、MOKA 魔咔、猫饼、MO 声、腾讯云小视频、下饭视频、速看视频、时光小视频、Yoo 视频等 13 款短视频 App，大部分都是围绕社交场景"。

到目前为止，社交平台型短视频产品和拍摄工具型短视频产品的边界正在变得越来越模糊，两者有相互融合的趋势。拍摄工具型产品，由于短视频社区的建立，正在向平台方向过渡；而社交平台型产品，也正在向用户提供更多、更便捷的拍摄制作工具。

---

① 中国经济网：《抖音持续高增长 国内日活跃用户突破 2.5 亿》，2019-01-16，https://baijiahao.baidu.com/s? id=1622804140145348292&wfr=spider&for=pc。
② 36 氪：《快手内容报告：2018 年有 1.9 亿用户在快手发布作品》，2019-01-25，https://baijiahao.baidu.com/s? id=1623633966071182347&wfr=spider&for=pc。
③ 中华网：《快手日活破 1.6 亿，短视频大战将继续》，2019-01-03，https://finance.china.com/jyk/news/11179727/20190103/25336593.html。

三、内容发布型产品

此类产品主要围绕内容发布和内容建设展开，一般不具备或者不强化拍摄、美化短视频的功能，典型代表是梨视频。

梨视频是目前全球最大的资讯类短视频平台，由深具媒体背景的专业团队和遍布全球的拍客网络共同创造，专注为年轻一代提供适合移动终端观看和分享的短视频。2016 年 11 月上线以来，梨视频在全球范围内构建了一个非常庞大的拍客网络，核心拍客超过 3 万人，遍布全球 500 多个城市。这些拍客从全球各地收集的素材，汇集到梨视频编辑部，再由编辑人员筛选、剪辑、成片，日均发布短视频超过 1000 条。

鉴于其资讯属性极强，对内容的真实性要求极高，因此梨视频建立了一整套非常严格的核查体系以保证其为用户提供内容的真实性。滤镜等视频美化工具的使用，毫无疑问与真实性要求相悖，因此梨视频 App 对此类功能一律欠奉。

以精品短视频推荐为主的"开眼视频"，同样是内容发布型产品。由于平台上的大部分短片均由编辑筛选或由专业短视频创作者上传，开眼同样不提供剪辑、滤镜等美化短视频的功能。西瓜、秒拍等短视频内容平台，也均不以提供短视频编辑美化功能为主要卖点。

综上所述，短视频平台按照功能划分，一般可以分为拍摄工具型产品、社交平台型产品和内容发布型产品，且三类产品有相互融合的趋势，其相互之间的界限也正在变得越来越模糊。拍摄工具社交化、社交平台工具化，或许我们将来还会看到"内容发布平台社交化"也未可知。

四、UGC 平台、PGC 平台、PUGC 平台

短视频平台还可以因内容生产方式的不同分为：UGC 平台（User Generated Content，用户产生内容）、PGC 平台（Professional Generated Content，专业人士产生内容）和 PUGC 平台（融合 UGC 和 PGC 两种方式）。

UGC 平台，典型的如抖音、快手；PGC 平台，典型的如开眼；PUGC 平台，典型的如梨视频（拍客收集素材的过程带有 UGC 属性，但编辑剪辑成片的过程则是 PGC 模式）。但是，PGC 和 UGC 的定义实际上也正在变得模糊。比如，由 MCN 机构针对抖音等社交平台生产的内容，应该算作 PGC 还是 UGC 呢？而梨视频通过编客系统（短视频编辑流程采用众包模式）生产的部分内容，应该算作 UGC 还是 PGC 呢？这些都有待于不断地完善和思考。

由此可见,短视频平台产品在飞速发展的移动互联网时代正在变得非常丰富。各种形态相互交融、相互借鉴、相互渗透,正在快速改变短视频的业界形态,这也给我们理解这个"新物种"带来了一定难度。或许有一天,当我们再次讨论短视频平台时,可能还会出现这样一类产品——无法归类。

第四节 短视频平台构建的关键要素

任何"平台级"产品的构建都不是件容易的事,它并不是单靠几个人的"努力"就可以做到的。总体来讲,短视频平台的构建一般少不了对以下六个要素的考量:资本、技术、人员、持续的内容生产或者来源、赢利模式、生态。

一、资本投入

资本几乎是短视频平台建设的前提。在资本驱动的短视频世界,没有钱或许可能有一切,但不可能有平台。

以梨视频为例,2017 年 3 月,梨视频获得华人文化产业基金 5 亿元人民币的天使投资;2017 年 11 月,人民网以 1.67 亿元人民币战略入股梨视频;2018 年 4 月,腾讯、百度向梨视频注资 6.17 亿元人民币。也就是说,在两年多时间里,梨视频获得了超过 12 亿元人民币的资金支持,这才使得构建全球最大的资讯类短视频平台成为可能。

同样,虽然没有确切的数据显示抖音的融资额,但如果没有其母公司字节跳动(今日头条)强大的财务支持,重运营产品的抖音恐怕也不一定有今天。我们从今日头条的融资历程可窥一斑——2012 年 7 月,今日头条获得 SIG 海纳亚洲等 100 万美元 A 轮投资;2013 年 9 月,今日头条获得 DST 等 1000 万美元 B 轮投资;2014 年 6 月,今日头条宣布获得 1 亿美元 C 轮投资,红杉资本领投、新浪微博跟投;2016 年 12 月,D 轮有红杉资本中国投资的 10 亿美元[1];2017 年 8 月,E 轮融资 20 亿美元,投资机构是 General Atlantic。[2]以上融资信息可以从侧面反映其在资本市场上的不菲价码,以及背靠今日头条的抖音并不缺钱的事实。

---

① 观察者:《今日头条展开新一轮融资估值 350 亿? 官方:消息不实》,2018-05-07,https://www.guancha.cn/economy/2018_05_08_456132.shtml。

② 华尔街见闻:《今日头条确定在融资,希望上市前达千亿规模》,2018-03-16,https://baijiahao.baidu.com/s? id=1595090288595335076&wfr=spider&for=pc。

此外，快手的 ABC 三轮融资情况也没有完整地公开数据，但有公开的信息显示，快手在 2017 年 3 月获得过 3.5 亿美元的 D 轮融资，由腾讯领投。

平台建设需要大笔投入的是产品开发、技术团队的构建、产品推广、内容的持续获得……当然，资本对短视频平台的追捧，也是看重了平台级产品在未来获利的巨大可能性，无论是它们在资本市场的获利，还是平台本身未来赢利的可能。短视频平台级产品的商业价值，远远大于其他单一的内容产品，这一点已是业界共识。

二、技术投入

综观目前的短视频平台，大体上可以分为内容驱动型平台和技术驱动型平台两种。但无论哪种平台，基础的技术储备都是必需的，不同的平台属性对于技术的投入也有不同的侧重。

以抖音为例，它显著的技术优势是算法推荐，这使得抖音获得海量的用户和内容以及较高的用户黏性。算法推荐的基本原理是以大数据为基础、用算法的方式对内容与用户兴趣进行匹配，最大程度上让特定用户与特定内容"相遇"（本章节末尾将专门论述）。算法推荐如今已是各内容平台的标配，但匹配的准确程度却有高下之分。这既与数据库的大小有关（理论上讲，用户数越多，内容越多，产品通过机器学习之后进行匹配的准确度就越高），也与算法技术本身有关。比如，"用人工打标签的方式来进行机器匹配"与"用机器对视频进行语义识别打标签再进行匹配"的效率和准确度就有天壤之别。人们对算法的研究永无止境，市场上已有不少专业公司或者团队提供非常专业的算法推荐服务。只要资本充足，在短视频平台搭建过程中，就可以购买到相对比较成熟的算法服务。

以梨视频为例，它在技术上针对其庞大的拍客体系开发了一整套被称为 SPIDER 的素材收集和分发系统。为了开发这套系统，梨视频在上线前就组建了一个 50 人技术开发团队。通过这套独特的 SPIDER 系统，梨视频可以实现选题的高效派发和素材的高效回收。他们甚至借鉴了滴滴的"抢单模式"，在 SPIDER 上实现了拍客对选题执行的"抢单"和编客对素材编辑的"抢单"，大幅压缩了内容制作的成本并提高了选题执行的效率。

三、人员投入

用人是任何事情成败的关键，互联网行业也不例外。如果说资金和技术决定了是否可以开始，那么"人"则在很大程度上决定了一个短视频平台的气质和未来走向。

　　仍以抖音为例,根据字节跳动的官方微信公号"字节范儿"的描述,抖音项目在2016年年中立项时,初创团队是十几个初出茅庐的年轻人,"一个一两千人的小公司(今日头条),不到十个人的创业团队(抖音),看着不行的话,随时就可以走"。分析其团队成员可知,他们中有"文着花臂、喜欢极限运动"的产品经理,有"熟悉各种类型小众音乐"的内容运营,有原来是"火山直播间弹唱主播"的用户运营……这个"临时拼凑起来的、过于年轻""喜欢音乐、喜欢新鲜事物"且非常敬业的团队,实际上从一开始就已经决定了抖音未来的样貌——它未必会有什么"思想深度",但一定符合年轻人的娱乐特质。[①]

　　而在梨视频,其最初的30名创始团队成员全部来自澎湃新闻。澎湃新闻是上海报业集团《东方早报》的"互联网转型项目",一度被视作中国传统媒体的转型标杆。最早的《东方早报》,曾因揭露"三鹿奶粉事件"令整个中国乳品行业重新洗牌,澎湃新闻也曾因调查"山东疫苗案"名动一时。

　　梨视频"选择下海"的30人团队,绝大多数都有着超过10年的新闻从业经验,CEO邱兵更是《东方早报》和澎湃新闻两个媒体的传奇创始人。梨视频的创业团队毫无疑问有着非常深厚的资讯情结,这也决定了梨视频"资讯短视频平台"这个非常独特的创业方向。搭建庞大的拍客系统,开发SPIDER系统以提高素材采集和分发的效率,追求短视频内容的有效信息和质量,采用全网分发的策略以使资讯有效抵达更多用户……这一系列的操作,几乎都可以追溯到梨视频创始团队强烈的内容情结。

　　当然,我们也可以举出许多失败的案例。比如,2018年年初上线的某个号称基于区块链技术开发的短视频平台,其创始团队一开始即声称该平台将发行一种名叫"某钻"的"代币",发布和观看短视频相当于"挖矿",投资"某钻"可以获得高达3000%的回报。这种模式,更像是非法募资。最终,随着虚拟货币市场的暴跌,渴望一夜暴富的"投资者"们血本无归,这场闹剧也以创始团队跑路收场。

四、内容建设

　　短视频平台说到底仍然是内容平台。没有内容,也就没有用户。内容的好坏、优劣直接决定了平台的价值,这也是很多人坚持"内容为王"这一理念的原因。即使有

---

① 人人都是产品经理:《抖音是怎么做出来的?》,2019-01-23,http://www.woshipm.com/chuangye/1875964.html.

诸如"资本为王""渠道为王"等说法，但对于一个内容产品来说，没有人会否认内容的重要性。在短视频平台的设计与构建过程中，如何获取持续不断的内容供给，是平台方必须要解决的核心问题。

目前主流短视频平台内容获取的方式大致有三种。

（一）UGC（User Generated Content，用户产生内容）

抖音和快手是典型的 UGC 平台。它们通过提供音乐、滤镜、特效、字幕、场景切换等各种短视频工具，使得用户可以通过此类平台创作自己的个性化短视频。同时，此类平台还提供转发、评论、点赞等社交功能，以便在用户之间形成互动。"秀"是 UGC 平台产品用户的基本诉求。通过吸引更多用户不断向平台上传用于"秀"的短视频作品，平台获得持续不断的内容供给。VUE 等在平台化进程中的工具类产品，也同样采用 UGC 模式来解决内容的持续供给问题。

（二）PGC（Professional Generated Content，专业人士产生内容）

开眼属于此类平台的典型。"开眼一开始是一个精品短视频日报应用，每天为用户精选 5 个生活方式相关的视频。筛选国外制作精良的视频，然后上传到开眼平台，这个方式为开眼吸引了很多视频和广告行业的从业者。""开眼没有用户自主上传通道，视频时长普遍在 3～5 分钟。"目前，"开眼与国内的 230 多家视频生产企业或个人达成了版权协议。国外的视频则会从选择广告或者宣传片为主，现在已经跟 VICE 等企业达成了合作"[①]。由此可见，"开眼"通过"专业人士上传"或者"专业人士挑选"的方式，解决了内容持续供给的问题。

（三）PUGC（融合 UGC 和 PGC 两种生产方式）

梨视频是使用 PUGC 模式解决内容持续供给的典型。前文已经提到，梨视频在过去两年多时间里搭建了一个庞大的拍客网络，其"注册拍客"达到 300 万人，频繁为梨视频拍摄短视频素材的核心拍客超过 6 万人。这些拍客实际上既是用户也是平台短视频素材的提供者。梨视频有句口号叫作"全球拍客共同创造"，实际上就已表明了它在内容素材获取方面具有强烈的 UGC 色彩。

很多人对梨视频拍客系统的搭建过程充满好奇，但实际上这个系统的搭建并不神秘。首先，梨视频要在全球各大区域招聘"拍客主管"以在各区域发展签约拍客，这些主管均是梨视频的正式员工。其次，拍客主管们会在自己管辖的区域内通

---

① 钛媒体：《豌豆荚孵化的"开眼"视频，拿到了千万元融资》，2016-07-07，https://www.tmtpost.com/2407527.html。

图 10-1　梨视频拍客网络构成

图片来源：梨视频提供

过电子签约的方式，招募更多的"兼职拍客"，由这些拍客向梨视频提供素材（素材即拍摄的原始画面）。随着时间的推移，梨视频形成了编辑部—拍客主管（数十人）—签约拍客（300 万人，其中核心拍客超过 3 万人）的金字塔式供稿结构。这300 万拍客并非专业的视频创作者，其职业背景非常丰富：学生、警察、城市白领、工人、农民等，且分布在全球各地，他们既是梨视频内容的消费者（用户），同时也是梨视频素材的生产者。拍客的素材一旦被编辑部采用并剪辑成片发布，他们便可在 48 小时之内通过梨视频的稿费自动支付系统获得酬劳。通过上述拍客系统的结构可以得出第一个结论——梨视频的内容生产，在素材获取这个环节，具有强烈的 UGC 属性。

但是，在梨视频编辑发布环节，却具有强烈的 PGC 属性。梨视频的编辑部大约有 300 人，绝大部分专职的后期制作人员都有新闻媒体从业经验，他们之前或在电视台，或在报社，或在通讯社，或在专业视频公司供职。拍客素材通过梨视频 SPIDER系统从全球各地会集到编辑部之后，这些职业的后期制作人员会对拍客素材进行筛选、核查、剪辑、包装（人名条、地名条、字幕等），变成有逻辑结构的一个个短视频故事，然后再进行发布。根据梨视频的编辑部功能，可以总结出：梨视频的内容生产，在短视频的编辑发布这个环节，具有非常强烈的 PGC 属性。

综上，梨视频正是通过 UGC 的方式获得了源源不断的、丰富多彩的内容素材供给，又通过 PGC 的方式将这些"杂乱无章"的素材变成了有意义的短视频故事。因此，梨视频是通过 PUGC 方式解决内容持续供给的典型代表。

图 10-2　梨视频节目

图片来源：梨视频提供

图 10-3　梨视频节目

图片来源：梨视频提供

梨视频的内容获取方式,也被业界称为"内容生产的众包模式"。目前,梨视频甚至在编辑环节也开始了"内容众包"的尝试,即通过"抢单"的方式,将部分经过事实核查的素材"众包"给并非梨视频员工的、具有编辑剪辑经验的外部"编客",由他们将"杂乱无章"的素材编辑成有意义的短视频故事。

在内容获取方面,上述几种方式也有融合的趋势。比如,在抖音、快手等平台上,除了用户上传的内容之外,也有媒体机构和 MCN 机构上传的内容;在西瓜视频,既有 MCN 机构和个人创作者上传的内容,也有对抖音内容的引入;在 YouTube 这样的平台,更是难以区分哪些是由用户上传的内容,哪些是由机构上传的内容。YouTube 声称,它所做的大部分工作,仅仅是为特定内容与特定用户的"偶遇"提供可能,并规范版权。

五、赢利模式

市面上还没有哪个短视频平台的运转是纯粹为了"公益",但凡这个平台是商业化的产物,则必然需要考虑平台的赢利模式。

目前,国内内容平台的赢利模式大致有以下几种:广告营收模式、内容付费模式、版权售卖模式、电商(卖货)模式、用户打赏模式以及无法归类的其他模式,比如通过举行活动形成营收。但就短视频平台而言,广告目前仍然是最主流的赢利模式。虽然上述模式的形态和操作方法各有不同,但现有内容平台的赢利模式大多数都可以归结为一个原理——以更低成本或者免费的方式获取数量更多、质量更优的内容,通过这些内容吸引用户形成流量,再把流量卖给"金主",即广告主、电商及其他埋单者。也就是说,流量是现有大多数内容平台的生存之本。如何降低成本、获取用户和吸引广告,是目前短视频平台赢利需要解决的三个最重要环节。

抖音通过 UGC 模式(内容获取成本趋近于零)获得的国内日活跃用户突破 2.5 亿、月活用户突破 5 亿(流量),伴随而来的是其信息流广告、开屏广告的爆发式增长。据估算,2018 年抖音的全年营收可能超过 200 亿元人民币。它的竞争对手快手,截至 2018 年 12 月底,日活已突破 1.6 亿,全年 6000 万日活增长主要在 8—12 月实现。信义资本创始人陆复斌披露,快手 2018 年营收与抖音不相上下,但其成本要低很多,尤其在流量购买方面。[①]

在梨视频,虽然其内容获取的成本要比以 UGC 为主的抖音、快手高很多,但相较于媒体类 PGC 平台,它的内容获取成本也要低很多。一方面,以"成片发布"为计费起点的模式,使得梨视频无须为无效素材付费;另一方面,梨视频并未给 3 万名核心拍客缴纳社保等人力成本,就获得了比专业媒体机构或者通讯社更丰富的高质量资讯短视频素材。梨视频还使用全网分发的策略,使其在站外也具有非常强大的影响力。因此,除了站内的信息流广告、短片定制和植入等赢利模式,梨视频也在积极探索独特的站外广告赢利模式。虽然整体赢利可能仍需时日,但在 2018 年 12 月,梨视频已经宣布实现单月营收平衡。

除了广告这一最主流的赢利模式之外,目前各大短视频平台也都在探索其他赢利可能。比如,抖音、快手在短视频电商(卖货)方面的探索,梨视频在版权交易方面的探索等。

六、生态系统

任何一个平台级短视频产品的构建,实际上都是在构建一个"生态系统"。这个

---

① 36氪:《快手 DAU 5 个月涨 4000 万,是什么在支撑它快速增长?》,2019-01-07,https://baijiahao. baidu.com/s? id=16219646771119660656wfr=spider&for=pc。

生态系统主要由四个角色组成：用户、短视频创作者、广告主和平台方。只有这四者在平台上各取所需，良性互动，才能形成一个共赢的"生态闭环"。任何一环脱节，对短视频平台产品来说都有可能是灾难。

我们来看一下这四个角色在短视频平台上的不同需求。

- 用户：希望通过短视频平台获取自己需要的内容，不被广告或其他因素打扰；
- 短视频创作者：希望在短视频平台发布自己制作的内容并获取更多观众，通过这些内容的发布获取收益；
- 广告主：希望通过广告的投放实现品牌的曝光，提高产品的知晓度，进而促成购买转化；
- 平台方：赚钱，收回投资，实现赢利。

如果仔细研究这四者之间的关系，我们会发现它们的诉求其实是一个矛盾统一体——如果用户希望完全不被广告打扰，则平台方就不可能通过广告赢利；如果平台方无法赢利，短视频创作者就可能颗粒无收；如果创作者颗粒无收，就不可能有持续的内容供给；如果没有内容的持续供给，则必然造成平台用户的流失；如果用户大量流失，则广告的投放效果就将大打折扣。

与此相反，如果进入良性循环，则会是以下场景——平台方在设计广告形式时尽可能不要对用户体验形成干扰；由于用户体验良好，平台会吸引更多用户；更多用户的加入，意味着视频创作者的内容获得更多观众，广告的曝光也会更多，广告的转化效果也就更好；由此，更多广告主愿意选择在平台上进行投放，平台也因此获得更多利润。

但是，在国内现有平台的生态和赢利模式之下，实际上"良性生态"并非主流，恶性循环趋于强势，劣币驱逐良币大行其道。国内大多数平台的生存方式，目前都是以牺牲短视频创作者利益为代价的，它们中的绝大多数对短视频创作者并不友好。各平台动辄宣布拿出几亿、几十亿元人民币来补贴短视频创作者，短视频创作似乎也空前繁荣，但没有人知道到底有多少创作者用这个官宣的所谓"补贴"养活了自己和自己的创作团队。

根据《2017 年短视频 MCN 行业发展白皮书》，作为各短视频平台内容的重要提供者，MCN 的发展面临困境——内容运营、用户运营、平台运营以及商业变现成为制约短视频 MCN 机构发展的重要因素，"赚钱依然是第一大难题"。"平台扶持棉里藏刀，虽然许诺提供资源甚至资金，但是附加条件则是'独家签约'，逼迫 MCN 把重点资源押注在单一平台上，加大成长风险。"[1]大多数 MCN 机构生存困难，进而殃及位于食物链底端的短视频创作者。不少 MCN 机构与短视频创作者签署"霸王条款"，"一份至少五年的经纪合约，机构抽取的提成大多在 70%，甚至更有高达 80% 的，创作者所有商业行为都需要经过 MCN"[2]。

随着"5G"时代的到来，短视频行业还将迎来新一轮爆发式增长，可以预见，短视频市场仍将继续繁荣；但我们也需要清醒地看到，整个短视频行业的生态并不如我们想象中那么健康。一旦高质量的短视频创作者积极性普遍受挫，我们将看到的景象无疑将是烂片充斥的"一地鸡毛"。

第五节 Vtopia，一个理想中的短视频平台

目前国内的短视频行业生态总体而言确实可以用"糟糕"来形容，但并非没有变好的希望。乐观地说，随着这个行业的逐渐成熟，从业者变得越来越清醒，资本变得越来越负责，我们几乎可以断定，各短视频平台的生态将逐渐转好。毕竟，恶性循环，是这个生态中任何一种角色都不希望看到的。

那么，假定我们已经拿到了足够的钱（资本），组建了靠谱的团队（人），掌握了开发一个产品的技术，我们应该如何搭建一个理想中的短视频平台呢？这里，我们将这个现实中并不存在的短视频平台命名为 Vtopia（视频乌托邦）。

Vtopia 将以构建良好的短视频生态为目标。在这个平台上，用户、短视频创作者、广告主和平台方将实现劳有所得、"按需分配"。用户能够非常容易地获得他们希望看到的内容，且不会放大"人性的恶"（目前大多短视频平台对用户一味迎合，低俗化倾向非常严重）；短视频创作者可以通过这个平台赚钱，覆盖自己的生产成本，头部内容实现赢利；广告主的投放效果实时可见，让每一分钱都不白投；平台方赚取它应得的利润，既不是暴利，也不至于陷入财务困境。

为了实现这个乌托邦，内容生产模式应该融合 UGC 和 PGC 两种生产模式，以使平台内容更加丰富。成熟的算法，将根据 Vtopia 每个用户的使用习惯（停留时长、转评赞等行为）及身份打上无数个标签，它同时也会自动对平台上的每一个视频进行

① 南七道：《短视频 MCN 火爆背后，是一地鸡毛还是星辰大海？》，2018-02-12，https://baijiahao.baidu.com/s? id=1592177012219437289&wfr=spider&for=pc。

② 钛媒体：《MCN 的中国式生存法则：给每一个入行者画大饼 靠抢夺资源出头》，2018-03-13，https://baijiahao.baidu.com/s? id=1594806818498008616&wfr=spider&for=pc。

语义识别并打上无数个标签。然后机器会对 Vtopia 的内容与用户进行自动匹配,保证特定用户与特定内容更容易"偶遇"。这种算法对于用户不应该只是一味迎合,它将适时为用户推荐他可能尚未发现但却可能非常需要的内容,以破除"信息茧房"[①]困境。实际上,随着算法技术的逐渐成熟,做到这一点并不是难事。难的是,平台方是否敢于冒着失去部分用户的风险,调整算法,勇敢尝试。

Vtopia 可能无法向短视频创作者承诺,他们将通过这个短视频平台分享 10 亿或者几十亿元人民币的补贴,但 Vtopia 可以承诺平台方将会把所获得的每一分利润按照一定比例与他们分享。这将有赖于 Vtopia 公开自己的财务状况,尤其是向所有的短视频创作者诚实地公示自己的营收情况。

广告主无疑是平台生态共建中非常关键的一环。因此,Vtopia 将建立一个自助广告投放系统,对 Vtopia 上的所有广告位明码标价,可以按照 CPM(按展现次数计费)或者 CPC(按点击次数计费)进行售卖。由于实际转化会与很多可变因素相关(比如产品质量),Vtopia 可能无法按照实际转化收取费用。Vtopia 将设有帮助广告主进行投放操作的客服职位,但不会设置参与广告提成的销售人员,以规避刷量欺骗行为的产生。通过这一自助广告投放系统,参与广告投放的广告主,可以对自己投放的广告进行实时监控,以自我评估广告投放的效果。而这些广告,也将通过算法推荐的方式,尽可能匹配到需要这些产品的用户,且尽量不对用户形成扰。

Vtopia 作为平台方实际上将扮演一个"服务员"的角色,它所有的工作都将围绕内容的构建和精确匹配、用户体验的不断提升、广告效果的持续改善来展开,并用真金白银为短视频创作者提供支持。作为短视频行业的参与者,我们真诚希望这样的平台早日变成现实,这符合所有人的利益。

第六节　定位,算法背景下的重新思考

在传统媒体时代和传统互联网时代,当我们制作一个内容产品或者搭建一个内容平台(包括短视频平台)之前,人们通常都会问一个非常重要的问题——你的定位是什么? 但是,在算法成熟的背景下,这个问题可能需要重新思考。

对于内容产品来说,在非算法背景下,找到自己平台的定位非常重要。比如,在

[①]　信息茧房是指人们的信息领域会习惯性地被自己的兴趣所引导,从而将自己的生活桎梏于像蚕茧一般的"茧房"中的现象。

纸媒时代,虽然你办的报纸或者杂志内容包罗万象,但整体而言,你的报刊要办给谁看,这是"创刊"前必须解决的问题。《东方早报》是一份针对中高端读者的报纸、《新民晚报》是一份市民报、《外滩画报》要锁定城市白领,这几乎是一个共识——在纸媒时代,如果说不清楚自己的刊物是办给谁看的,那将是最糟糕的事情。"定位不清楚""定位太高冷",也被认为是很多市场化报刊最终失败的原因。

这种情况甚至延续到了互联网时代。你的网站是办给谁看的,你的 App 是给谁用的,是网站开办或者 App 筹备阶段需要解决的问题。随着互联网技术的发展,人们已经可以对用户行为习惯进行追踪研究——你的用户是城市白领还是小镇青年;他们是 18～30 岁,还是 30～40 岁,抑或 40 岁以上;他们的月收入是 3 000 元还是 5 万元,是 1 万元还是 5 万元;性别比是 5∶5,还是 7∶3;他们所在的地方是一、二线城市还是三、四线城市,甚至他们在北京五环内还是五环外,等等。这些数据的获取,为精确的"用户画像"提供了可能。

在传统媒体时代和传统互联网时代,定位的成功与否,将直接关系到媒体/平台未来的营收。比如,假如一个媒体产品定位为"知识精英",那么这个媒体产品的受众必然不会太多,但这个群体的购买力却相对较强,获取的广告营收可能会来自于品牌汽车或是一些奢侈品品牌;再比如,我们假定将一个内容产品定位为"城市市民阶层",则这个平台获取的用户数可能会相对较多,但因为这部分人群的购买力可能不够强,这个媒体将来获取的广告营收可能主要会来自于一些普通的快销品。对于一个商业项目来说,定位在哪个人群并无高下之分,其关键是如何使未来的收益最大化。

在最近兴起的一轮"互联网下沉运动"中,很多人认为"五环内用户"已被此前的产品瓜分殆尽,因此不少平台级产品将自己的定位"下沉"至"五环外"和"小镇青年",试图用"农村包围城市"的方法吃下更大的市场,典型产品如内容型产品"趣头条"和电商类产品"拼多多"。这些互联网产品,无疑是看到了农村市场和空缺的未来成长的可能性。

在这一轮"下沉运动"中,短视频平台级领域的战事也大同小异。抖音崛起之后,有不少内容产品的开发者"向拼多多学习",将内容定位"下沉"至五环外,认为广袤的农村地区大有作为。于是,几乎在形式上完全照搬抖音,但内容变"low"的"V8 实拍""快吧短视频"等短视频产品陆续上线。

实践证明,用年龄结构、消费能力、行为习惯等方式来对产品进行定位的方法确实行之有效,但在算法日渐成熟的今天,这个问题或许有更好的解决办法。

算法在短视频领域的应用，虽然从技术上讲是一个永无止境的研究领域，但其基本原理并不复杂——它要解决的问题，实际上就是"匹配"，让合适的短视频内容和可能与对这些内容感兴趣、有需要的人相遇。

"匹配"这件事，最简单的方法是通过"标签"来实现。比如：

短视频 A 的标签包括：健身、减肥、励志、帅、跑步、节食、营养……

用户 A 的标签包括：25 岁、城市白领、肥胖、头秃、搜索过健身器材……

那么，很明显，短视频 A 很可能是用户 A 感兴趣的内容。

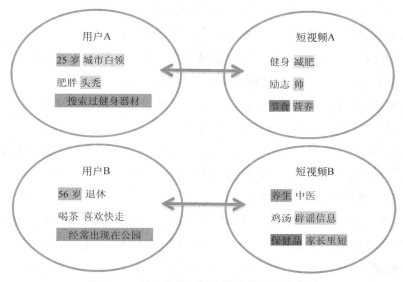

图 10-4　用户信息与平台推送相匹配示意图

在理想状态下，算法一方面要为每个视频精确地打上特定的、无数个标签，以便描述这个视频的内容；另一方面，算法还要为平台产品的每个使用者精确地打上特定的、无数个标签，以便描述这个用户的特征。之后，算法再对两边的标签进行匹配，并让匹配度最高的双方"相遇"。由此，短视频平台用户获取了他感兴趣或需要的短视频。

当然，实际操作中，以上的三个环节都不是那么容易，比如，为每个视频打上精确的标签要比为文章打上标签难很多，这涉及视频的语义识别和抽取。而在技术发展的现阶段，机器对视频的语义识别，还远远谈不上精确。但我们有理由相信，在不远的将来，这一问题可以得到解决。

我们假定算法技术已经可以完美实现上述匹配，那就意味着：如果我们的内容足够丰富,则我们的短视频平台将可以自动、精确地满足每个特定用户的需求,无论这个用户是 18 岁还是 40 岁,月收入是 3000 元还是 50 000 元,位置是五环内还是五环外。即使是小众内容的短视频创作者,也将可通过平台的算法找到他们特定的观众群。

由此,遵照传统对短视频平台进行"定位"似乎也就没那么重要了。对于平台来说,获取更多更加多样化的海量内容,以满足不同用户的需求才是正途。当然,如果财力允许,我们可能需要在算法技术的开发方面做更多的投入,以便让"匹配"变得更加准确。也就是说,算法正在取代定位,或者说定位是算法的结果而非产品的前提。

理论上讲,算法可完美解决定位的问题,但并不等于算法没有局限。实际上,观察现有平台级产品(无论是短视频平台还是综合类平台),算法仍有一些"局限"需要解决。比如,算法推荐所带来的"信息茧房"问题和"低俗化"问题。

算法推荐,是将用户可能感兴趣或需要的内容与特定用户匹配,并让两者相遇。按照这一逻辑,算法必然加剧信息茧房效应。

比如,假定用户是一名"王者荣耀"的游戏用户,则关于"王者荣耀"的内容理论上将被平台算法不断推送到他的面前,从而不断强化他对这款游戏的印象,以至于使得该用户忽略了更多其他的手机游戏。

但是,这一问题在算法框架内并非不可解决。实际上,通过算法的完善,"信息茧房"的问题可以破除。我们只需要调整算法,向"王者荣耀"的忠实用户适当推送一定数量的其他游戏内容即可。比如,我们假定"对手游感兴趣的用户大多数会对动漫感兴趣",则算法就可以向该用户推送动漫内容。每一次推送所获得的效果,均可以成为下一次推送的算法逻辑前提。由此,"信息茧房"问题可以通过算法的调整得以破除。

"信息茧房"问题,并非算法本身的问题,而是算法不成熟的表现。随着算法技术的不断成熟,我们有理由相信,这个问题终将获得解决。

关于算法推荐所带来的"低俗化"问题,在目前市场上现有的短视频平台表现同样突出。很多人认为,算法放大了"人性的恶"。比如,我们假定某位用户"不小心"观看了一条"走光视频",并"不小心"在这一视频上停留了更多时间。理论上讲,算法会向这个用户推送更多类似视频,以满足该用户的"需求"。由此,算法将会放大这位用户的"低俗化倾向"。

遗憾的是人类的本质仍具有动物性,任何一个"无比高尚纯洁的人"都逃离不了动物的本质。毫无疑问,如果任由算法满足人的动物性一面,则必然使人们陷入低俗化的深渊。

　　"低俗化"问题实际上并不是算法的"原罪",算法确实只是负责对内容和需求进行技术匹配,这也是为什么有人会说"算法没有价值观"。但是,对于平台构建者和运营者来说,"算法没有价值观"显然不能成为放任低俗化倾向的理由。低俗化问题,一方面,不利于平台的健康发展,另一方面,也会为平台带来现实的政策性监管风险。

　　平台"低俗化"问题的解决主要依赖于两个方面:一方面,平台方应尽可能从源头上杜绝此类内容的发布,即在审核环节将其扼杀在摇篮状态;另一方面,调整算法,避免将更多低俗化内容推送给用户实际上是可以实现的。当然,用调整算法的方式规避低俗化风险,在短视频领域还有赖于视频语义识别技术的不断提升,而这一点在现阶段仍有诸多技术上的挑战。

　　综上所述,在算法日趋成熟的今天,机械地用传统媒体的定位思维来设计和构建一个短视频平台已经不是很合时宜;单纯地讲"内容下沉",放任内容低俗化以获取更多用户的方式,似乎也并非内容型平台获得成功的可靠路径。平台级产品(包括短视频平台)将更多精力放在算法的改进上,努力突破算法的局限,令其更好地服务用户,或许才是平台健康发展的正途。

附录 《环游记》节目制作宝典[①]

一、节目简介

　　《环游记》是由××卫视推出的大型室内即兴真人秀节目,由××卫视节目中心制作。固定主持人是何炅,明星嘉宾包括常远、魏大勋、papi酱、杨迪,同时节目组还会邀请各个领域的精英来协助嘉宾们共同完成任务。节目共12期,每期围绕不同的主题邀请不同领域的嘉宾以及素人,在特制的棋盘上完成不同的"命运"和"挑战",在不同的世界观、不同的主题之下,传递出勇于冒险、顽强拼搏这一共同的正能量主题。同时,节目将与一些贫困地区合作,将游戏中的物资真实地发放到各地。

---

　　① 这份"宝典"是北京体育大学2018级体育赛事资源制作实验班的学生结业作业,作者是余涵、韩峻峰、王章翰、范慧如、李冰妍、庞博。他们是大一的学生,没有任何的基础,经过一学期的学习,能够创作出这样的作业,真是为他们感到高兴。他们的作品尽管还有些稚嫩,但他们的脑洞大开让我感到了很强的新鲜活力,他们以自己对这门课程的热爱和理解为自己的未来做着准备。

二、节目特点

《环游记》是一档面向全年龄段观众的大型原创室内趣味真人秀节目，整个节目围绕趣味性、公益性、不可预知性展开。

（一）趣味性

节目本身是以有趣的游戏作为载体，即便是在游戏过程中"破产"了也不会情绪低落。同时，几位具有喜剧特征的 NPC 和主持人也会将节目氛围向欢快、活跃的方向引导。《环游记》也适合全家一起观赏。

（二）公益性

节目中，嘉宾所获得的物资将会以一定形式真实地投放在与本期主题相关的地区中，采取例如建造公益小学、公益植树等多种形式。

（三）不可预知性

游戏棋盘内"命运卡"与"机会卡"的事件完全随机，游戏投掷骰子也完全随机，节目由这两个随机性组成不可预知性，使游戏事件发展完全未知，同时增强了游戏的可玩性、节目的可观赏性。

三、节目内容

节目计划播出一个季度共 12 期，采取周播模式，每周六晚 8 点播出。每一期根据节目组所规定的不同主题并借鉴"大富翁"的游戏模式打造"真人版大富翁"，在素人 NPC 与明星嘉宾的即兴表演中，经历一段奇妙的旅程，探索发现未知的事情，用自己的能力为他人、社会贡献一分力量。

节目由素人 NPC 与明星嘉宾共同出演。素人嘉宾将担当游戏的 NPC（非玩家角色），明星嘉宾担当玩家角色。游戏内容采取"大富翁"的图版棋盘游戏模式。在设计好的图版棋盘上，玩家们将抽取不同身份的角色卡，分得不同的游戏金钱，凭运气（掷数字骰子）及交易策略赢得道具。每一位玩家都将从开始格出发，根据骰子点数决定前进步数；同时，根据每一期主题的不同，素人嘉宾也将选择相同职业的人来本色出演。在游戏中，明星嘉宾将在游戏过程中获得道具，而最终的赢家则可将自己在游戏中赢得的道具转换为实际的物品并用于公益事业。

值得一提的是，在《环游记》的棋盘中，我们将取消买卖地产、建造楼盘、赚取租金的方式，取而代之的是不同的"事件"与"命运"，走到不同的棋格上将触发不同的"事件"或命运,此时将会转化游戏场景,进入事先准备好的事件布景之中,素人嘉宾则担任事件中的 NPC 角色引导事件进行,根据玩家在事件中的即兴表演与不同反应来决定玩家获取或失去游戏道具。

每一期的节目流程均为:开场时由旁白与 VCR 介绍本期节目主题,接着明星嘉宾登场引入游戏,同时由他们来进一步介绍本场的故事背景,然后即可进行游戏。而在游戏结算之后,在每期节目的最后,会由嘉宾们总结这一次的游戏历程,回味自己的冒险经历,根据表现进行结算决出赢家,赢家将把自己在游戏中的物品转换为实际物品捐赠给有需要的人。在不同的世界观、不同的主题之下,传递出勇于冒险、顽强拼搏这一共同的正能量主题。

四、节目嘉宾:星素结合

(一)主持人

何炅,中国内地著名主持人。何老师机智、幽默、亲和力和随机应变能力强,主持风格轻松愉快却不失深度内涵。让何炅来主持这么一档欢乐有趣并且充满正能量的综艺节目,一来可以吸引众多忠实观众的目光,二来可以凭借其本身的人脉来扩大节目号召力。

(二)明星嘉宾

常远,喜剧演员、开心麻花签约演员。常远曾在春晚舞台上以"美男子"一角而广为观众熟知,"贱萌、娘娘腔、自恋"的人设也深受粉丝的喜爱,其加入无疑很大程度上为节目增添了喜剧效果。

魏大勋,中国内地男演员。魏大勋以偶像剧出道,凭借帅气的外表而俘获了众多粉丝;但是从他参与录制的许多综艺节目和真人秀中可以看出,他的"综艺感"也十分强,适合此类游戏类综艺的录制。

papi 酱,网络红人,papitube 创始人。作为节目中唯一一位女 MC,papi 酱不仅是门面担当也是智力担当,她在短视频中经常一人分饰多角,爆笑的演技受到了大家的认可,其加入无疑是节目的另一大亮点。

杨迪,中国内地主持人。杨迪是一位非常善于制造笑点的谐星,许多综艺节目的包袱、"梗"都得益于他的才华;此外,杨迪浮夸的演技和调皮的性格也成为调动现场气氛的重要因素之一。

(三)素人嘉宾

将根据每期节目的不同主题,邀请相关领域的专业人士参与节目互动。以下面给出的台本为例,节目邀请热带雨林研究领域的专家作为 NPC,当明星玩家触发其所在的游戏格时,该素人嘉宾就会为玩家发布任务,并在游戏进行中从专业的角度为观众带来独特的讲解。另外,由于节目的公益导向,每期节目都会对接一个公益项目,而这些项目所帮助的个人或群体也都是普普通通的"素人",如此一来,便达到了星素结合的目的,既能更好地吸引观众目光又能发展公益事业。

五、舞美设计

舞美设计主要分为三个部分:

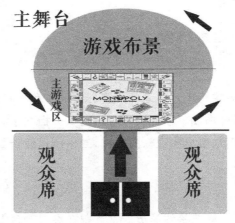

图 10-5　舞美设计平面图

嘉宾出场区域:每期节目开场时,嘉宾都由下方的大门出场,然后经过观众席,沿通道走到主舞台。开门时会有特别的音乐灯光配合,以营造仪式感(具体音乐、灯光等由每期的不同主题决定)。

棋盘区域:嘉宾在此区域内完成投掷骰子等游戏步骤,舞台的主题是"大富翁"棋盘,附近的其他装饰由每期的不同主题决定,不同主题下会作出适当调整。

游戏布景区域:当嘉宾触发事件后,舞台转换,进入游戏布景,游戏布景的内容由游戏内容以及当期主题决定。

需要特别说明的是,后两个区域是一个共同的可以旋转的圆形舞台,这两部分共同构成主舞台。未触发事件时,节目组可在后方进行道具布景准备;当触发事件时游戏舞台转动,游戏布景区面向观众,嘉宾在布景内进行游戏环节。

六、节目特色

每一期节目的主题都各不相同,处于不同的世界观之下,在素人 NPC 与明星嘉宾的表演下我们能看到不同的冒险故事,在无数的挑战与机遇面前,将会有什么样的走向和故事令人好奇。明星嘉宾在不同事件中的即兴反应,都将增加节目的趣味性与不可预料性,吸引观众眼球。

同时,玩家们在游戏中的努力在现实中也会有所回报,通过努力,在游戏里获得的道具最终也能在现实生活中为公益事业作出贡献,使节目具有公益性,并具有现实意义。

素人嘉宾在扮演 NPC 时也将本色出演,每一期节目也会根据不同的主题有不同的公益项目,让观众们了解到公益事业在我们生活中方方面面的情况。

七、台本示例

2 分钟

节目开始,首先播放 VCR。

内容:由于小规模金矿开采,秘鲁亚马孙地区超过 17 万英亩的热带雨林在过去5 年中遭到破坏,研究人员表示,砍伐森林的规模确实令人震惊,2013 年,采矿破坏的秘鲁雨林面积为 3 万公顷。5 年后,发现近 10 万公顷的森林被砍伐,总规模相当于大约 200 个纽约中央公园。这种小规模采矿对环境的影响是毁灭性的。这些小型手工采矿工作人员收集分散在整个热带雨林中的小金片。他们的手法是清除土地上的树木或疏通河流沉积物,然后用汞从泥土中提取出贵重金属。这种方法使用的有毒物质汞对任何植物和动物生命都具有灾难性的影响。

一架载有 4 人的直升机降落在秘鲁亚马孙热带雨林,他们分别是专家、记者、原住民、金矿主。他们为了各自的目的来到此处参与本期《环游记》节目。

3 分钟

主持人:

开场词(欢迎来到《环游记》大型即兴游戏真人秀现场!从今天开始每个周六晚上,我们将一起随明星嘉宾们经历紧张、刺激、新鲜、有趣的 80 分钟,并且通过这 80分钟为社会作出积极贡献,帮助那些需要帮助的人)引出本期主题以及被帮助对象(本期为丛林主题,本期游戏中赢得的奖励将全部用于热带雨林的保护)。

开场音乐响起,灯光进行配合,明星嘉宾由舞台对面的大门处出场,与此同时和通道两边的观众形成互动,增加观众的参与度与互动度。

7分钟

到达主游戏区后,主持人对嘉宾各自身份进行介绍(本期为专家、记者、原住民、金矿主),嘉宾与主持人、嘉宾与嘉宾之间进行互动,在放松气氛的同时达到提高节目的娱乐度与话题度的目的。在这期间,嘉宾可以通过互相交流以及一定程度的表演来侧面表现自己的身份,同时为节目制造笑料。

镜头切换到棋盘舞台,开始进入游戏环节:

(本期共有四位明星嘉宾,以下由嘉宾ABCD代替)

第一轮

A掷骰子、在棋盘上进行移动:获得道具(绳子)。

B掷骰子、在棋盘上进行移动:进入事件格(遇到NPC,NPC由素人生存专家扮演,NPC就野外生存相关知识向B提问,B进行答题,答对获得金币奖励,答错进行惩罚,B下一轮不可以掷骰子)。

C掷骰子、在棋盘上进行移动:获得道具(背包,此处嘉宾角色为专家,可以使用专业的特殊技能,检查背包中物品并选择一样)。

D掷骰子、在棋盘上进行移动:进入事件格(触发"激流勇进"游戏)。

激流勇进(13分钟)

触发激流勇进情景的嘉宾可以选择场外一名嘉宾一起进入激流勇进游戏区。激流勇进游戏规则如下:节目镜头从主游戏棋盘区跳转到游戏布景区。激流勇进游戏中两名嘉宾同时努力穿过障碍攀上斜坡,先攀登上斜坡的嘉宾将会获得额外金币奖励,该部分金币从另一名失败嘉宾的账户中获得。在激流勇进游戏过程中,斜坡顶部将会有NPC对挑战嘉宾发动水炸弹、泡沫滑滑等,阻碍嘉宾登顶,从而提高节目的娱乐性。在激流勇进游戏进行的同时,另一组镜头会实时播出未进入副本游戏的嘉宾的点评和反应(游戏中A可以运用获得的绳索道具帮助攀爬)。

第二轮

A掷骰子、在棋盘上进行移动:进入事件格(遇到NPC,NPC由环境保护专家扮演,NPC就雨林保护相关知识向B提问,B进行答题,答对获得金币奖励,答错进行惩罚,B下一轮不可以掷骰子)。

B掷骰子、在棋盘上进行移动:获得道具(树苗)。

C掷骰子、在棋盘上进行移动:进入商店购买一棵树苗。

D掷骰子、在棋盘上进行移动:进入事件格(触发"荒野逃生"游戏)。

荒野逃生(13分钟)

若有嘉宾触发荒野逃生副本,则全部嘉宾进入附加游戏。四个嘉宾将被随机分为两组,组内人员协同合作争取获得游戏胜利。荒野逃生游戏规则如下:一组内的两个嘉宾纵向排队,利用绳子将两个人的脚固定在一起,每组的移动需要靠成员的合作才能进行。每一组需要通过节目组设置的障碍通道,按所用时间来排名。获得最后一名的小组成员自身金币数量将减少;获得第一名的小组成员除了获得金币奖励之外还将获得一次"金身效果",可以在之后的环节抵消一次金币损失。

第三轮

A 掷骰子、在棋盘上进行移动:获得道具(铲子)。

B 掷骰子、在棋盘上进行移动:触发交换效果。此时 B 玩家与 A 玩家距离最近,B 玩家选择交换 A 玩家的道具铲子。由于 B 玩家上一轮获得道具树苗,B 玩家选择用铲子和树苗成功植树一棵。

C 掷骰子、在棋盘上进行移动:进入事件格(触发"丛林秘语"游戏)。

D 掷骰子、在棋盘上进行移动:获得道具(树苗)。

丛林秘语(13分钟)

若有嘉宾触发丛林秘语副本,四名嘉宾则进入游戏。四位嘉宾将被随机分为两组。丛林秘语游戏规则如下:每组两名成员中自选出一名成员观看大屏幕,通过肢体语言表述屏幕上的内容,另一名成员负责破译肢体动作,在规定时间内破译最多的小组胜出。本环节三局两胜,最终获胜的小组将获得双倍金币奖励,失败的小组按照破译数量酌情进行处罚。

第四轮

A 掷骰子、在棋盘上进行移动:获得休息资格,可以选择免受一次事件的处罚。

B 掷骰子、在棋盘上进行移动:进入事件格(触发"生死时速"游戏)。

C 掷骰子、在棋盘上进行移动:获得道具(饮用水)。

D 掷骰子、在棋盘上进行移动:得到失去道具的惩罚。嘉宾 D 须在自己的物品中选择一个主动抛弃。

生死时速(13分钟)

若有嘉宾触发生死时速副本,则全部嘉宾进入游戏。生死时速游戏规则如下:游戏开始前每名嘉宾先投掷骰子,投掷的点数就是游戏结束后你所获得奖励或减损所需要乘的倍数,乘过之后的数量将是你本轮游戏最终的奖励或损失。投掷结束后,选手来到赛道区域进行比赛。比赛时,选手倒退运球跑步,若过程中篮球脱手,选手应立马返回起点重新开始,比赛名次按照所用时间长短计算。

10 分钟

结尾

四轮主要副本游戏触发后,本期节目进行财产清算,分出排名。与此同时,主持人与嘉宾、嘉宾与嘉宾之间进行互动,交流自身感受或心得体会,对本期的主题思想进行一定的重复和升华。本期节目嘉宾赢得的所有财产(金币)都可以兑换成树苗,与嘉宾在节目中赢得的树苗一起投入公益项目,种植树木保护环境(节目每期结尾升华主要结合当期的公益主题)。

八、广告设计与投放

《环游记》

总期数:12 期

播出时间:每周六晚 20:00

每期时长:80 分钟

总冠名招商价格:6000 万元人民币/季度

赞助商价格:500 万元人民币/季度

总冠名及赞助回报:

(一)硬广

1. 标版广告

在节目前播出:本节目由(总冠名商)独家冠名播出

本节目由(赞助商)特约赞助播出

2. 贴片广告

为总冠名和节目设计贴片广告,将总冠名的产品特性与节目特性相同点结合,拍摄贴片广告,广告中需出现总冠名商标,结合总冠名企业文化与节目特点设计广告语。在节目播出前播放。

3. 时段广告

卫视：在节目播出前和播出时期,每晚 19:00—21:00 多次播放;

视频 App：在节目播出前和播出时期,在其他类型视频点播前作为广告播出;

类型：以节目小型宣传片为主,主题中包含总冠名的企业文化,情节中涉及总冠名和赞助商的产品,宣传片中展示节目的大致流程与玩法,嘉宾与明星的造型设计中可包含冠名商与赞助商的产品。

4. 栏目广告

在每期节目前、中、后播出，投放总冠名及赞助商广告。总冠名每轮两次，首尾各一次，赞助商每轮一次。

5. 广告牌

在标版的设计中插入大而醒目的总冠名商标，配合节目风格与名称对字体、样式、排列方式及位置进行适当修改。标版下方插入赞助商标。投放于公交站牌、商场宣传牌、地铁广告版等。

（二）软广

1. 口播

主持人开场白中插入："欢迎各位来到由（总冠名商）独家冠名的《环游记》节目现场……，同时也感谢（赞助商）对本节目的大力支持。"

结尾重复。

2. 字幕

字幕的设计边框插入总冠名商的商标或品牌标识，背景颜色以冠名商主推产品颜色为基调色。

3. 角标

以节目名称与冠名商商标结合，设计节目角标，位于节目屏幕的右下角。

时长：总节目时间的 40%。

4. 产品摆放

在嘉宾的座位前、侧面或座位上，结合产品特点，摆放赞助商产品。

镜头率：30%。

5. 嘉宾出场大门

结合总冠名商商标或产品特性，设计大门造型及开关方式；出场语中，包含总冠名商的名字及企业文化，与节目特点相结合。

6. 主游戏区大富翁地图

地图中心放置总冠名商标；地图板块设计中，加入赞助商产品或商标元素。

7. 剧情植入

在游戏环节中，直接以总冠名产品作为主要道具进行游戏。

赞助商产品道具占有率约为 40%。

8. 音乐植入

节目播出期间创作宣传音乐，歌词中适当提及冠名商及赞助商的企业文化和主推产品。

9. 相关手游设计

节目播出期间可推出相关手游,模拟节目模式,或利用 AR 增强现实技术,将手游升级为在生活中可以体验的应用,并开放社交功能。让更多的都市居民走出来、聊起来。

九、流量变现及公益服务

鉴于本节目的最终定位服务于社会公益,所以节目组设定:在每期节目的最后评定环节,每一期获得相关积分最高的嘉宾将会根据其最高的积分数兑换成相应的公益事项,以这位嘉宾与节目组的名义投入真正的生活公益服务,使节目产出的相关流量得以变为现实,让节目从一个简单的聚焦明星和游戏的娱乐性综艺节目升华到心系社会公益与责任的暖心综艺,更好地传达出社会主义核心价值观。

具体实例分析:如台本所示,本期的主题是热带雨林的保护,那么在本期中所有嘉宾的表现所对应的积分为小树苗。若某位嘉宾在某环节中获得胜利,那么他将获得 5～10 棵环游树苗,在每一期结束之后,获得最高树苗数的嘉宾即为获胜嘉宾。此时,该嘉宾的树苗数将乘以当期嘉宾的人数,以该嘉宾与节目组的名义,向热带雨林捐赠相应的实体数木,助力环保事业。

若节目主题是沙漠绿化,则相应的积分为绿化平方,即向沙漠建设捐赠相对应平方数的绿化带;若节目组主题是城市垃圾环保,则相应的积分为环保绿桶,即向城市建设捐赠相对应的环保分类垃圾桶,以此类推。

十、市场可行性分析

(一)面向人群广泛,收视率得到保障

首先,节目的内容以"大富翁"这一经典的桌游作为基础,必定会受到许多年轻人的喜爱,因为对很多"00 后""90 后"甚至是"80 后"来说,这一游戏在一些日常聚会中出现的频率非常高,将游戏带入节目之中,必然会让观众产生熟悉感进而关注。其次,对于并不了解节目游戏背景的人群来说,节目的内容同样可以轻松吸引他们。因为每期节目都会模拟一种不同的冒险,这意味着嘉宾做出的任意一个选择,都会影响接下来的"环游",故无论是对于嘉宾还是观众来说,前方都是未知的,巨大的悬念无疑会吸引观众的眼球。

（二）题材新颖、创意多多

面对综艺市场同质化越来越明显的趋势，如何在游戏类真人秀中脱颖而出，才是取胜的关键。节目的创作者们以"大富翁"游戏为灵感，对其进行大胆改编，融入多种创新表现形式，以即兴表演的方式为观众演绎一场奇幻冒险，具有看点。

（三）公益导向，带来积极社会影响

每期节目中所有玩家积累的积分，都会转化成相应的项目来援助公益事业。以台本为例，本期节目中每位玩家所赢得的"小树苗"，到最后都会被转化成真正的公益款项来挽救濒临枯竭的热带雨林。每期节目所对应的公益导向机制，可以在无形中号召观众去关注公益事业，为社会奉献一分力量。

参 考 文 献

吴健安：《市场营销学》，北京，高等教育出版社，2011。

尤尔根·哈贝马斯：《公共领域的结构转型》，曹卫东等译，北京，学林出版社，1999。

段永朝：《互联网："碎片化"生存》，北京，中信出版社，2009。

约瑟夫·派恩、詹姆斯·吉尔摩：《体验经济》，夏业良等译，北京，机械工业出版社，2002。

王虎：《电视的社会化生存——中国社交电视发展路径选择》，青岛，青岛出版社，2016。

周星主编：《电影概论》，北京，高等教育出版社，2004。

高鑫：《电视剧的探索》，北京，北京广播学院出版社，1988。

史蒂芬·卡瓦利耶：《世界动画简史》，陈功译，北京，中央编译出版社，2012。

麦特白：《好莱坞电影：美国电影工业发展史》，吴菁、何建平、刘辉译，北京，华夏出版社，2011。

朔方等：《流浪地球电影制作手记》，北京，人民交通出版社，2019。

凯文·阿洛：《刷屏》，侯奕茜、何语涵译，北京，中信出版社，2018。